반도체공정 실습

Practice of SEMICONDUCTOR PROCESS

이병렬 • 윤석일 지음

홍릉과학출판사

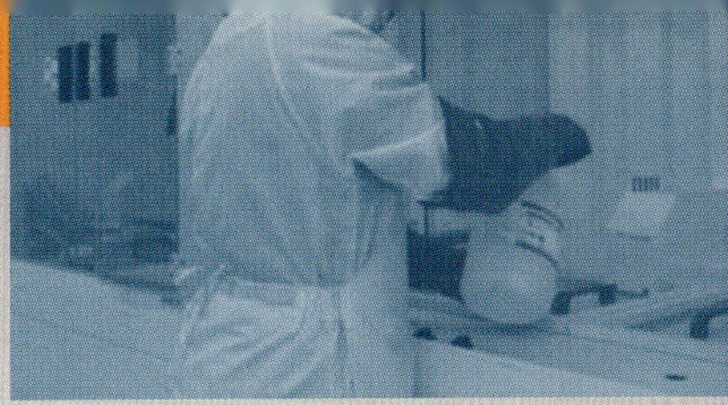

저자 서문

현재 반도체 산업이 우리나라의 국가경쟁력에서 차지하는 비중의 중요성은 새삼 언급할 필요가 없을 정도이며, 특히 통신, 컴퓨터, 가전, 자동차 산업 등 거의 모든 산업 분야에서 핵심적으로 요구되는 고부가가치의 중요한 기반 산업이라고 할 수 있습니다. 이런 이유로 반도체 산업은 학제적 능력을 갖춘 고급 연구 개발 인력뿐 아니라 반도체 공정기술과 관련한 전문 기능 인력을 대량으로 요구하고 있습니다.

이러한 니즈를 충족하기 위해 본 교재에서는 반도체 공정에 필요한 기본적인 사항과 반도체 분야의 연구 및 산업체에서 요구하는 기반 지식을 쉽게 습득하는 데 도움이 되고자 준비되었습니다. 제조 공정에 대한 이론과 실습을 통해 우리나라 반도체 산업의 유능한 인재를 양성하는 데 조금이라도 도움이 되기를 기대합니다.

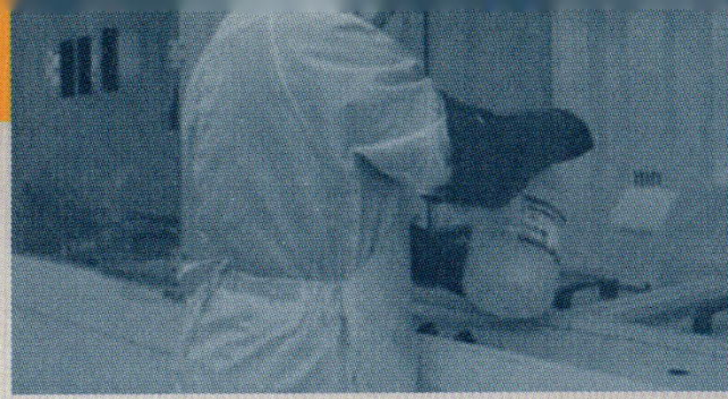

차례

Chapter 5 | 물리기상 증착실습(PVD)

Chapter 6 | 사진공정실습(Photolithography)

Chapter 7 | 식각 공정실습(Etch)

Chapter 8 | 측정 실습

Chapter 9 | 솔라셀공정실습(Solar Cell)

부록

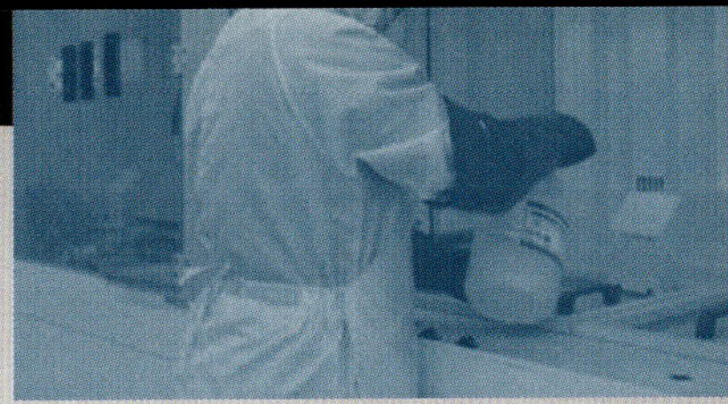

01 클린룸 (Clean Room)

1.1 클린룸 용어

클린룸(Clean Room)이란 분진입자의 크기에 따라 분진수를 측정하여 청정도, 즉 클래스(Class)를 등급별 규격을 정하여 체계화한 공간을 말한다.

- **클린룸(Clean Room)**: 공기 중 부유입자의 농도를 제어하고 입자의 유입, 생성 및 체류를 최소화할 수 있는 방을 의미하며, 또한 온도, 습도, 압력, 기류속도, 조도, 소음, 진동, 자장 등 여러 요소를 필요에 따라 제어하는 방을 클린룸이라 한다.

단위 체적(ft^3,m^3)당 일정크기(μm) 이상의 먼지 수

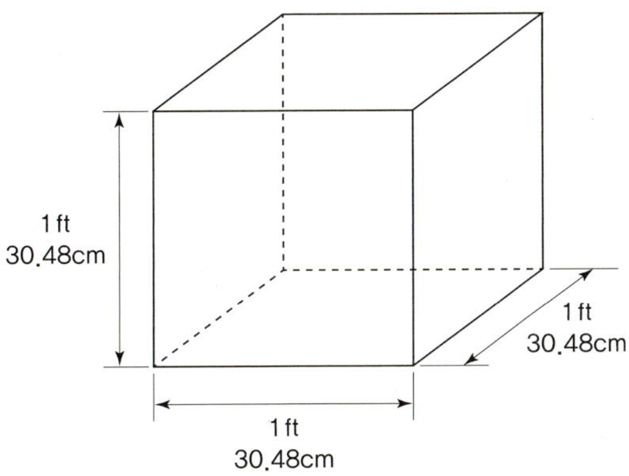

[그림 1.1] 청정도 규격(CLASS)

〈표 1.1〉 ISO DIS 14644-1

Table 1 Selected Airborne particulate cleanliness for cleanrooms and clean zones						
ISO Classification number(N)	Maximum concentration limits(particles/m³. of air) for particles equal to and larger than the considered sizes shown below					
	0.1μm	0.2μm	0.3μm	0.5μm	1μm	5μm
ISO CLASS1	10	2				
ISO CLASS2	100	24	10	4		
ISO CLASS3	1,000	237	102	**35**	8	
ISO CLASS4	10,000	2,370	1,020	**352**	83	
ISO CLASS5	100,000	23,700	10,200	**3,520**	832	29
ISO CLASS6	1,000,000	237,000	102,000	**35,200**	8,320	293
ISO CLASS7				**352,000**	83,200	2,930
ISO CLASS8				**3,520,000**	832,000	29,300
ISO CLASS9				35,200,000	8,320,000	293,000

〈표 1.2〉 FED-STD-209E

CLASS NAME		CLASS LIMITS									
		0.1μm		0.2μm		0.3μm		0.5μm		5μm	
		Vol. Units		Vol. Units		Vol. Units		Vol. Units		Vol. Units	
SI	English	(m³)	(ft³)	(m³)	(ft³)	(m³)	(ft³)	(m³)	(ft³)	(m³)	(ft³)
M1		350	10	75	2	30	1	**10**	0		
M1.5	**1**	1,240	35	265	7	106	3	35	**1**		
M2		3,500	99	757	21	309	9	**100**	3		
M2.5	**10**	12,400	350	265	75	1060	30	353	**10**		
M3		35,000	991	7,570	514	3090	87	**1,000**	28		
M3.5	**100**			26,500	750	10,600	300	3,530	**100**		
M4				75,700	2,140	30,900	875	**10,000**	283		
M4.5	**1,000**							35,300	**1,000**	247	7
M5								**100,000**	2,830	618	17
M5.5	**10,000**							353,000	**10,000**	2,470	70
M6								**1,000,000**	28,300	6,180	175
M6.5	**100,000**							3,530,000	**100,000**	24,700	700
M7								**10,000,000**	283,000	61,800	1,750

- **청정도**: 미립자에 대해서는 미연방규격 209D를 생물입자는 미항공우주국(NASA) 규격이 사용된다. Class 100 이란 공기 1ft^3(28.4 l)에 포함된 입경 0.5μm 이상의 미립자가 100개 이하, 세균은 0.1개 이하를 말한다. 통상 대기 중에는 0.5μm 이상의 미립자가 1ft^3 중에 300,000 ~ 3,000,000개 정도가 분포되어 있다.

- **청정실**: 클린룸 또는 하나 혹은 그보다 많은 청정구역으로 구성되어 있으며, 모든 관련 구조물, 공조시스템, 공급시설 그리고 유틸리티를 포함한다.

- **등급분류**: 클린룸 또는 청정구역에 적용할 수 있는 공기 중 입자의 청정도 등급(또는 그 등급을 특성화하고 결정하는 과정)은 특정 입자크기에서의 최대허용농도(입자수/m^3)로 나타내는 KS M ISO 등급 등으로 표시된다.

- **CLEAN BENCH**: 공기부유입자의 농도가 명시된 청정도 수준 한계 이내로 제어함으로써 오염 제어가 행해지는 작업대

- **CLEAN BOOTH**: 설치위치에 따라 이동이 가능한 수직층류형의 간이 청정실. 천정에는 청정공기 공급 장치가 설치되어 있고, 벽면은 비닐차단막으로 되어 있다.

- **AIR SHOWER**: 작업자의 몸이나 의복에 부착되어 있는 입자들의 오염물질을 청정된 공기로 강제적으로 불어 날려서 제거하기 위한장치

- **PASS BOX**: 청정도 수준이 다른 청정구역 사이 또는 청정구역과 다른 실과의 사이에 작은 부품, 기기등을 반입, 반출할 수 있도록 하는 장치

- **RELIEF DAMPER**: 클린룸간의 압력을 조절해주는 장치

- **입자**: 공기청정도의 등급을 분류하기 위하여 크기 0.1~5μm 범위내의 누적분포상에 존재하는 고체 또는 액체의 물체

- **입자크기**: 주어진 입자측정 장비에 의해 측정된 입자가 나타내는 물리적반응에 상당하는 반응을 나타내는 구의 지름

- **입자농도**: 공기의 단위체적당 입자 수

- **초미세입자**: 등가지름이 0.1μm보다 작은 입자

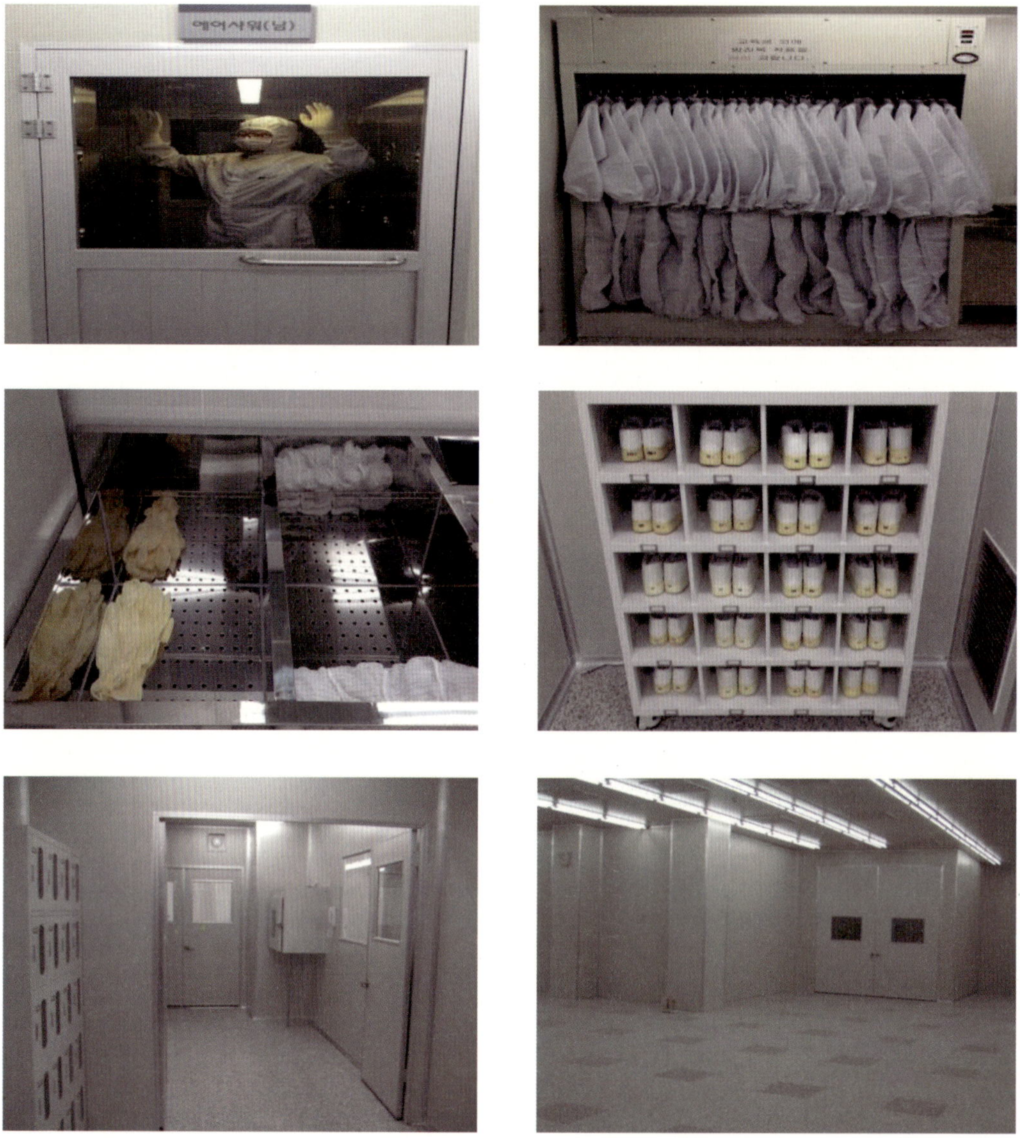

[그림 1.2] Clean Room 및 Clean Locker

1.2 클린룸 종류 및 에어필터

1.2.1 클린룸 종류

클린룸의 기류방식은 크게 난류방식(Turbulent Flow, 비단일방향 기류)과 층류방식(Laminar Flow, 단일방향 기류)으로 구분되며, 층류방식은 다시 여러 가지 형태의 클린룸 방식으로 구분할 수 있다.

- **층류형 클린룸**: 클린룸 또는 작업대등에서 최종 에어필터를 통하여 여과된 공기가 일정한 방향으로 평행하게 흐르면서 난류영역을 최소화하는 유동형태의 클린룸으로 천정에서 바닥면으로 흐르는 수직층류형과 마주보는 벽면으로 흐르는 수평층류형의 2가지 형식이 있다.
- **난류형 클린룸**: 클린룸 또는 작업대등에서 최종 에어필터를 통하여 여과된 공기가 난류형태로 흐르면서 불균일하고 변칙적인 기류분포를 가지는 유동형태의 클린룸이다.

1.2.2 에어필터

에어필터란 어떠한 유체(공기, 기름, 연료, 물, 기타)를 일정한 시간 내에 일정한 용량을 일정한 크기의 입자로 통과시키는 기기를 말하며, 특히 대기 중에 존재하는 분진을 제거하여 필요에 맞는 청정한 공기를 만들어내는 것을 에어필터라 한다.

- **저성능필터(PRE Filter)**: 비교적 입자가 큰 분진의 제거용으로 사용되며, 중성능 필터의 전단계에 설치하여 필터의 사용기간을 연장시키는 역할을 한다.
- **중성능필터(Medium Filter)**: 고성능 필터의 전처리용으로 사용되며, 일반 건물의 공기조하기(A.H.U)에는 최종 필터(Final Filter)로 널리 사용된다.
- **고성능필터(HEPA Filter)**: 정격풍량에서 입경이 0.3μm인 입자에 대해 99.97% 이상의 입자 포집률을 갖고, 동시에 압력손실 25mmAq 이하의 성능을 갖는 초고성능 에어필터, High Efficiency Particulate Air-filter의 약자이다.
- **초고성능필터(ULPA Filter)**: 정격풍량에서 입경이 0.1μm인 입자에 대해 99.9995% 이상의 입자 포집률을 갖고, 동시에 압력손실이 25mmAq 이하의 성능을 갖는 초고성능에어필터, Ultra Low Penetration Air-filter의 약자이다.

- **전기집진식 필터(Electric Filter):** 전하를 띠고 있는 입자를 절연성 섬유 또는 플레이트에 집진하는 일반형 전기집긴기(Charged Media Electric Air Cleaner)와 강한 자장을 만들고 있는 하전부와 대전한 입자의 반발력을 이용하는 집진부로 된 2단형 전기집진기(Ionizing Type Electronic Air Cleaner)가 있다. 2단형 전기집진기는 압력손실이 낮고 담배연기 등의 제거 효과가 있다.

[그림 1.3] 클린룸 HEPA Filter

클린룸은 외부공기(Out Air)를 도입하여, AHU(Air Handling Unit)을 통과시켜 열교환하여, 냉풍(또는 온풍)으로 만들어 클린룸에 공급하고 AHU는 송풍기(FAN), 냉방코일, 난방코일, 가습기, 에어필터, 케이싱 등으로 구성되어 있다.

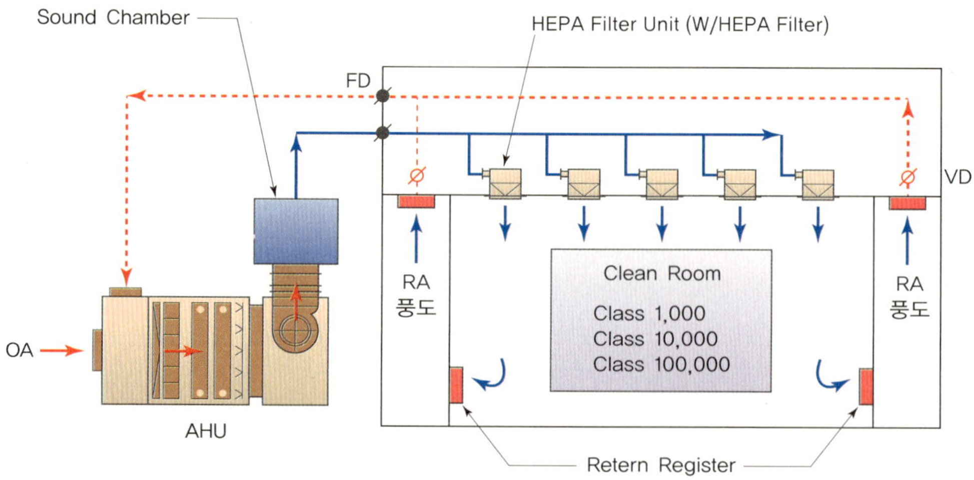

[그림 1.4] 클린룸 공조 시스템 흐름도

1.3 클린룸 안전수칙

1.3.1 일반 안전수칙

클린룸에서 사용되는 많은 화학 약품들은 위험한 물질로, 실습과정에서 안전 수칙을 소홀히 할 경우 큰 사고가 발생할 수 있으며, 실습 전 다음의 주의 사항을 숙지하여야 한다.

① 모든 화공약품(유기약품, 산/염기)과 (극) 독성가스를 사용하는 공정의 진행자는 반도체 연구원으로부터 안전교육을 받아야 하며, 안전수칙을 이해하고 숙지하여야한다.

② 반도체실험실에 입실하기 전에 반드시 규정된 복장을 착용하여야 한다.

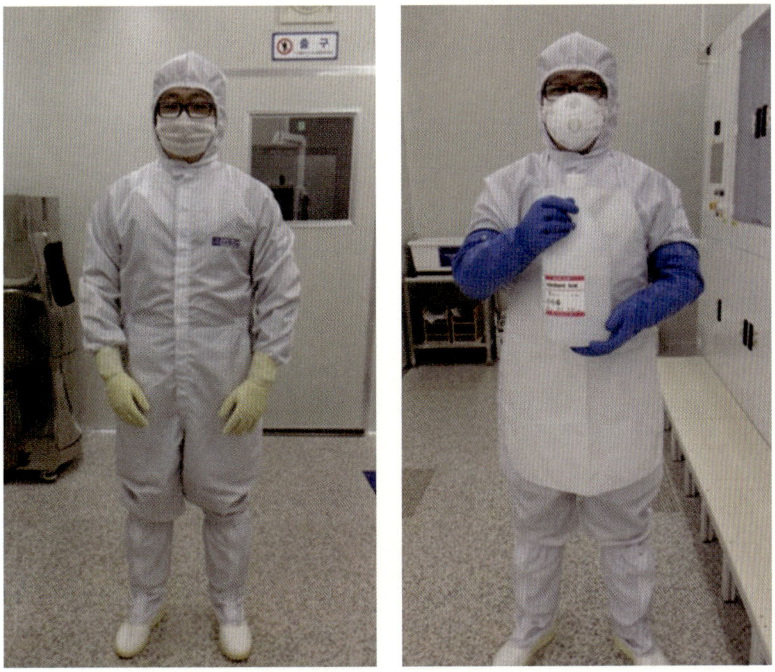

[그림 1.5] 방진복 및 보호장구 착용

③ 작업도구 및 기구는 보관 장소를 지정해 놓고 사용한 후 또는 사용하지 않을 경우 꼭 지정 장소에 보관하여야 한다.

④ 응급조치 도구(비상구, 소화기, 세면기, 가스 마스크 등)가 있는 장소를 숙지하여야 한다.

⑤ 모든 화공약품(유기약품, 산/염기)과 (극) 독성가스를 사용하는 공간이나 모든 화공약품 용기에는 표지를 부착하여 구분할 수 있도록 해야 한다. (예: "산", "염기", "유기약품")

⑥ 미지의 액체에 대하여는 절대로 짐작하여 사용하지 말아야 한다.

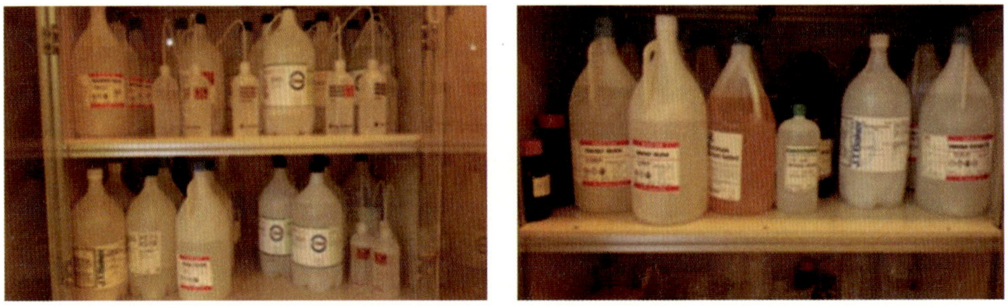

[그림 1.6] 반도체공정 화공약품

※ 주의: 화공약품을 물로 착각할 우려가 있으므로 임의로 보거나 냄새를 맡아서 알려고 하지 말고 반드시 반도체실 연구원에게 확인한다.

⑦ 모든 화공약품은 통풍이 잘되는 후드 내에서 사용해야 하며, 화공약품을 사용하는 장소에서 콘텍트렌즈를 끼지 말아야 한다.

⑧ 이상한 냄새나 징후가 나타나면 즉시 반도체실 연구원에게 통보한다.

⑨ 고무장갑을 착용하고 있을 때 손에 축축한 느낌이 들면 장갑을 벗고 손을 딱은 후 장갑이 새는지 확인해야 한다.

⑩ 안전 보호구(특히 고무장갑과 실험복)에는 자신도 모르는 사이에 화공약품이 묻을 수 있으므로 항상 깨끗이 세척하고 건조시킨 후 착용하여야 한다.

⑪ 후드, 화공약품 저장용기 및 비이커 등을 맨손으로 만지면 안된다.

⑫ 안전보호구를 착용한 채, 얼굴이나 몸을 만지면 안된다.
(몸을 긁거나 눈을 비비는 경우 장갑을 벗고 손을 씻은 후 행동한다.)

⑬ 산(acid)에 물을 넣으면 급격히 열을 발생하면서 폭발적으로 튀어나올 수 있으므로 산을 희석하고자 할 때 반드시 물에 산을 서서히 부으면서 저어 주어야 한다.

⑭ 화공약품 취급 시 적당한 비이커나 테프론 용기를 사용하여야 한다.

※ 주의: 불산(HF)에 유리 비이커를 사용할 경우 유리가 급격히 부식되면서 유독가스를 발생하므로 반드시 불산(HF)을 취급할 때에는 테프론(Teflon) 비이커를 사용하여야 한다.

⑮ 화공약품을 가열하여 공정을 진행하는 경우 반드시 적정온도 이상 가열하지 말고 공정완료시까지 자리를 이탈하여서는 안 된다.

⑯ 화공약품을 따를 때는 튀거나 흘리지 않도록 조심하고 따른 후에는 마개를 잘 막은 후에 마개 부분을 방진 수건으로 닦아낸다. 화공약품은 항상 배기가 잘되는 화공약품 저장 캐비넷에 분리하여 보관한다.

⑰ 유기약품과 같은 인화성 액체는 반드시 유기약품만을 사용하도록 지정된 장소(Hood 또는 Wet- Station)에서 사용해야 하며, 열원(Hot Plate, 전기로 및 오븐)을 가까이 하지 말아야 한다.

1.3.2 클린룸 출입 시 주의 사항

반도체 클린룸 내에는 (극) 독성의 화공약품과 독가스 등의 위험 요소가 항시 상존하고 있으므로 순간의 방심도 허락되지 아니하며, 항상 반도체실 내외를 정리 정돈하여 재해 예방에 만전을 기하여야 한다. 그러나 재해가 발생하였을 때에 당황하지 말고 침착하게 응급조치를 취하여야 한다. 신속한 응급조치만이 피해를 최소화하는 첩경이다. 모든 사건, 사고는 반도체실 조교와 반도체 실습 교육 담당에게 보고하여야 한다.

① 실험 공정 중에는 항상 Poly-glove를 착용해야 한다.

② 전기로는 고온이므로 석면장갑을 착용하여 화상에 주의해야 한다.

③ 수십 Ampere 이상의 고전류가 흐름으로 노출된 전극을 절대로 만지지 말아야 한다.

④ 화학약품의 폐기 시 폐기통의 라벨(label)을 반드시 확인하여 폐기해야 한다.

⑤ 실험실 문은 반드시 닫고 다녀야 한다.

⑥ Furnace carrier 및 봉(rod)은 전용의 것을 사용해야 한다.

⑧ 실험실 출입일지 기록을 철저히 해야 한다.

⑨ 먼지 발생, 대형사고 가능성이 있는 실험실에서의 장난은 금해야 한다.

⑩ 마스크를 착용하여 개인의 건강을 스스로 지켜야 한다.

⑪ 반도체실 전용실험복 및 신발을 신고 외부 출입하는 일이 없도록 해야 한다.

⑫ 상시 담당 연구원의 지시에 따라야 한다.

⑬ 사고의 위험이 있으므로 스스로가 주의하여 실험실 분위기 유지에 총력을 기울여야 한다.

1.4 클린룸 운영

1.4.1 유지관리 일반사항

일반적으로 유지관리의 의미는 초기상태의 조건을 유지하기 위한 일체의 행위를 말한다. 지정된 공간의 환경조건과 그 환경을 유지하기 위한 주변 장비, 그리고 환경을 이용하는 사람들의 행동 규칙까지 포함된다고 볼 수 있다.

〈표 1.3〉 클린룸 유지관리의 구분

관리항목	소분류
청정도관리	• 클린룸 입·출입 절차 관리 • 무진장비(Air Shower, Pass Box)관리 • 청소(Cleaning)관리
환경관리	• 온·습도관리, 차압관리, 기류관리, 정전기관리 등
시스템관리	• 설비시스템 장비관리

그러므로 클린룸의 환경조건을 유지관리 하는 것은 클린룸의 청정도, 온·습도, 차압, 전기, 기류 등의 관리를 의미하고, 주변장비의 유지관리는 장비 정상화를 위한 모든 유지보수 행위를 말한다.

〈표 1.4〉 클린룸 관리의 4대 원칙의 운영

구분	먼지유입 억제	먼지발생 억제	먼지 즉시 제거
MAN (사람)	※ 에어샤워를 통하여 클린룸 입실	※ 클린룸 출입인원 제한	※ 출입 동선에 방진매트 설치
MACHINE (장비)	※ 클린룸 장비 반입 시 청소실시	※ 구동부의 저발진 대책 수립	※ 먼지가 쌓이지 않는 구조
MATERIAL (재료)	※ 물품은 패스박스를 통하여 반입	※ 청정필기구 사용	※ 자재/비품의 정리정돈
METHOD (방법/환경/시설)	※ 클린룸에 양압 유지 ※ 출입구/반입구에 이중도어 설치	※ 저발진성 전용 클린룸 설비	※ 클린룸 기록유지 ※ 클린룸의 정전기관리

1.4.2 청정도 관리

클린룸 유지관리에 있어서 클린룸의 청정도는 첨단기술 산업의 발달과 더불어 제품의 성능과 수율 향상을 위한 필수적인 기술을 요구하고 있다. 특히 공정실 내에서 쉽게 발견할 수 있는 공기 오염의 요인으로 작업자와 공기 중 청정도를 지적할 수 있다.

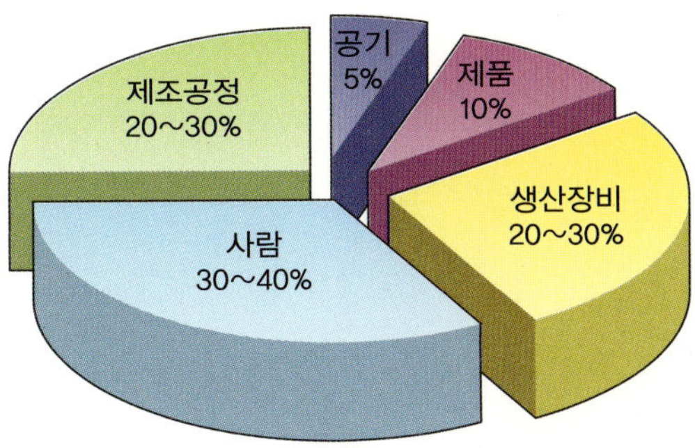

[그림 1.7] 주요 오염원별 발생 점유율

〈표 1.5〉 작업자에 의한 오염 발생원

동작	먼지 발생량(개/분, ≥0.5μm)
앉은 상태로 가만히	30,000
앉아서 가볍게 움직임	150,000
앉은 상태에서 일어설 때	800,000
정숙 보행 시(1.0M/sec)	2,500,000
정상 보행 시(1.5M/sec)	3,000,000
체조를 하였을 때	5,000,000~10,000,000

〈표 1.6〉 작업자의 동작에 의해 분당 발생하는 0.3μm 이상의 입자 수

입자 발생수	동작의 설명
100,000	서있거나 앉은 자세에서 정지상태
500,000	손, 팔, 머리를 움직인다.
1,000,000	손, 팔, 상반신 및 하체를 움직인다.
2,500,000	앉은 자세에서 선자세 또는 선자세에서 앉은 자세로 움직인다.
5,000,000 7,500,000 10,000,000	매시 3.2Km로 걷는다. 매시 5.6Km로 걷는다. 매시 8.05Km로 걷는다.

표 1.7은 반도체 공정별 화학오염과 영향을 나타내며 이러한 물질들은 세정장치, 작업자, 내장재, 외기 등에 기인하며, 각 제조공정상에서 디바이스(Device)에 중대한 악영향을 끼치는 것으로 알려져 있다.

특히 이러한 화학오염은 외기에 의한 것보다는 클린룸 내부의 장비, 공정에서 배출되어 순환되는 공기를 오염시키는 비중이 일반적으로 큰 것으로 보여진다.

〈표 1.7〉 반도체 생산 공정별 화학 오염 물질

공정	오염원	영향
Photo	암모니아 등의 Amine류, HMDS	광학렌즈 흐림, Resist 재료와 반응 리소그라피 불량, T-TOP 현상
Etching	산(acid) 류 F, Cl, P, C 화합물	FAB 부식 산류(acid)가 HEPA 필터의 섬유를 식각하여 Boron(붕소) 방출
CVD	B_2, BF_3 Siloxane Na, Fe, Ni, S, Cl, K	P반전 이상, 막생성 이상, 디바이스 특성, 노화
Diffusion	P, B, S	불순물
Wetting	Fe, Cr, F, Na, DOP	세정 잔유물, 내압불량, 세정효과 저하
Sputtering	응축 가능한 무기물, 유기물, 산	웨이퍼 표면에 부착

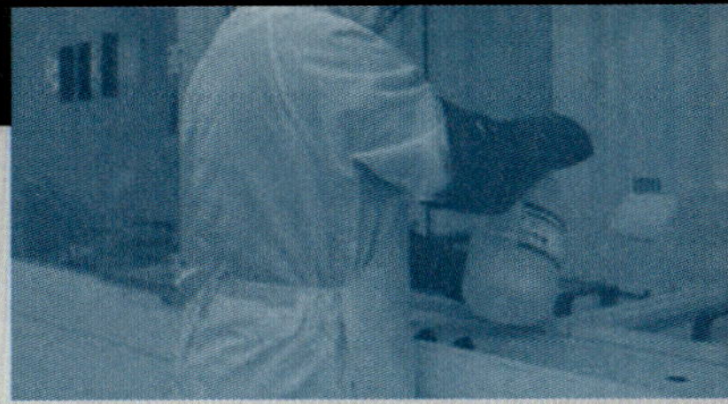

02

세정공정실습 (Cleaning)

2.1 실습 목적

① 웨이퍼 표면의 초기 오염원을 제거하기 위한 세정 방법을 학습한다.

② Wet-Station 장비를 사용하여, 웨이퍼 습식 세정공정을 실습한다.

③ RCA 세정 방법을 이해하고 세정 순서대로 실습한다.

④ 산(acid), 알카리(Alkali)등 화학약품을 안전하게 취급할 수 있다.

2.2 이론적인 배경

본 장에서는 반도체 세정공정의 방법을 학습하고 Wet-Station 장비를 사용하여 직접 실리콘 웨이퍼를 세정시켜 본다. 웨이퍼 초기 세정 공정은 가장 기본이 되면서 중요한 공정중의 하나이며, 실리콘 표면에 존재하는 유기물, 무기물, 금속, 자연 산화막을 제거하는 공정이다. 모든 웨이퍼 공정은 오염물들의 근원이고 이는 소자의 성능과 수율에 직접적인 영향을 미치게 된다. 각 공정 후 웨이퍼 표면의 오염물은 기하급수적으로 늘어나게 되고 이 오염물에 의해 반도체 소자의 수율은 급격히 감소하게 된다.

웨이퍼 세정 공정은 웨이퍼 표면의 모든 오염물을 완벽히 제거하는 것이 가장 이상적인 목표이기는 하지만 그것은 거의 불가능하다고 할 수 있다. 실제로 웨이퍼 세정 공

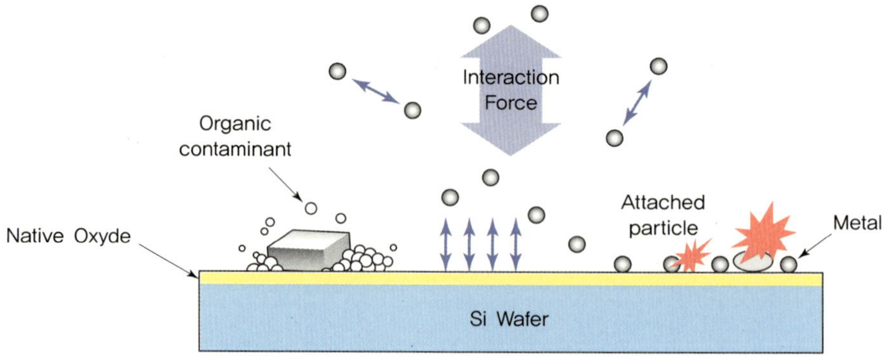

[그림 2.1] 실리콘 웨이퍼 세정

정은 각 공정 전과 후에 실시하여 기하급수적으로 증가하는 오염물을 최소한의 비율로 감소시키는 것이 그 주된 목적이다. 따라서 웨이퍼 세정 공정은 모든 공정 전후에 반드시 행해져야 한다.

2.2.1 습식 세정

현재의 습식 세정기술은 1970년대 개발된 RCA Lab의 W.Kerr이 제안한 과산화수소를 기반으로 암모니아 과산화수소혼합액(APM)과 염산과산화수소혼합액(HPM)외에 황산과산화수소혼합액(SPM), 희석불산(DHF), 완충불산(BOE), 유기계 세정약품이 일반적으로 사용되고 있다.

세정 방법은 APM, HPM 방법이 기본이 되며 웨이퍼 상에 혼입되어 있는 각종 Particle, 유기물, 금속오염, 각종 자연 산화막 제거 및 실리콘 표면의 상태를 제어하기 위한 표준 세정공정이다. 그 후 각 사가 시행착오를 거치면서 개선하였으며, 현재까지 반도체 세정 공정의 표준으로 널리 사용되고 있다.

2.2.2 APM(Standard Clean-1)

APM(Ammonium hydroxide-hydrogen peroxidemixture) 세정용액은 암모니아:과산화수소:초순수($NH_4OH:H_2O_2:H_2O$ = 1:1:5)를 혼합하여 75~90℃의 온도에서 웨이퍼 표면의 Particle과 유기 오염물을 가장 효과적으로 제거할 수 있다. APM 세정용액은 과산화수소에 의한 산화반응과 암모니아에 의한 에칭 반응이 동시에 일어나기 때문에 두 용액의 농도비가 매우 중요하다. 암모니아는 실리콘 웨이퍼를 이방성 식각시키

〈표 2.1〉 반도체공정에서 사용하는 주요 세정액

명칭	약액	용도
APM	$NH_4OH/H_2O_2/H_2O$	파티클 제거
SPM	H_2SO_4/H_2O_2	유기물 제거
HPM	$HCl/H_2O_2/H_2O$	금속불순물 제거
FPM	HF/H_2O_2	금속불순물 제거
DHF	HF/H_2O	자연산화막 제거
BHF	$NH_4F/HF/H_2O$	산화막제거, 식각

고 식각 속도가 매우 크다. 따라서 과산화수소에 의한 표면 산화가 실리콘 웨이퍼 표면의 거칠기를 감소시키는 역할을 한다. 하지만, APM 세정 용액은 낮은 산화-환원반응 가능성에 의해 금속 오염의 근원이 되기 때문에 반드시 HPM 세정 용액을 함께 사용하여야 한다.

2.2.3 HPM(Standard Clean–2)

HPM(Hydrochloric Peroxide Mixture) 세정용액은 염산:과산화수소:초순수($HCl:H_2O_2:H_2O$ = 1:1:5)을 혼합하여 75~90℃의 온도에서 APM 용액에 이어 천이성 금속 오염물을 제거하기 위해 사용하고 있다. APM 용액에서 오염된 금속 불순물은 실리콘보다 전기 음성도가 높아 실리콘으로부터 전자를 빼앗아 전기화학적으로 반응하여 표면에 오염된다. 이런 금속 불순물을 제거하기 위해 금속보다 전기 음성도가 큰 HPM 용액이 사용되어야 한다. 대부분의 금속 오염물들은 희석시킨 염산만으로도 제거가 가능하다. 하지만 전기 음성도가 큰 noble 금속(Cu, Au)은 희석시킨 염산만으로 제거하기 어렵기 때문에 염산과 과산화수소가 혼합된 세정 용액으로 제거가 가능하다. Cu가 실리콘로부터 전자를 빼앗아 웨이퍼 표면위에 오염된다. 하지만 전기 음성도가 큰 과산화수소나 오존에 의해 전자를 빼앗기고 다시 Cu는 Cu2+이온으로 존재해 용액으로 녹아나오게 된다. 그와 동시에 실리콘 웨이퍼도 산화되어 Cu의 재오염을 방지하게 된다.

2.2.4 SPM(Piranha)

SPM(Surface acid-hydrogen peroxide mixture)의 세정용액은 황산:과산화수소($H_2SO_4:H_2O_2$ = 4:1)을 혼합하여 120~150℃온도에서 웨이퍼 표면의 유기 오염물을

제거하기 위해 사용된다. 이 공정은 고온에서 사용하기 때문에 과산화수소의 분해가 급격히 일어난다. 따라서 세정 용액이 매우 불안정하고 세정 용액의 Lifetime이 약 8~12시간 정도로 매우 짧으며, 고온에서 감광제나 계면활성제 같은 유기 오염물을 제거하기 위해 사용하고 있다. 과산화수소에 의한 유기물 산화와 용해 반응과 황산에 의한 유기물 연소반응에 의해 효과적으로 유기 오염물을 제거한다. 위의 세정 공정들은 모두 산화제를 포함하고 있어 세정 공정 후 웨이퍼 표면에 화학적 산화막이 생성된다.

2.2.5 DHF(Dilute Hydrofluoric Acid)

DHF의 세정 용액은 세정 공정 중 가장 마지막 단계에 하는 공정으로 여러 세정 공정 중 생성된 화학적 산화막이나 산화막내에 포함된 금속 오염물을 효과적으로 제거할 수 있다. HF 마지막 세정 후 실리콘 웨이퍼 표면의 접촉각은 약 72°를 나타내고 이 경우 표면이 H-termination된다. HF 세정 용액은 산화막 내에 포함되어 있는 금속 오염물은 효과적으로 제거할 수 있지만, Cu, Au와 같은 noble metal은 제거하기 힘들다. 따라서, HPM용액을 세정 공정에서 제거하기 위해 HF내 산화제인 과산화수소를 첨가한 세정 용액이 현재 많은 연구 중에 있고 사용되고 있다. HF에 의해 표면 산화막과 산화막 내 금속이 제거되고 과산화수소에 의해 noble metal이 제거된다. 하지만, 과산화수소에 의한 웨이퍼 표면의 국부적 산화에 의해 표면이 거칠어진다는 단점이 있다. 희석시킨 HF(dilute HF) 용액은 세정 공정 중 가장 마지막에 수행함으로써 웨이퍼 표면의 자연 산화막을 효과적으로 제거하고 동시에 자연 산화막 내에 포함되어 있는 금속 오염물을 효과적으로 제거한다.

2.2.6 건식 세정

플라즈마나 자외선 또는 Cl등이 가스를 이용하여 웨이퍼의 청정도를 유지한다. 건식 세정 방식에는 Chemical의 Vapor를 이용하는 Vapor 세정방식, Gas를 UV로 여기시켜 반응성을 강하게 하여 세정하는 UV excited 세정방식, Plasma를 이용하여 radical, 반응성 gas를 형성 후 이를 이용하여 웨이퍼를 세정하는 방식 등이 있으며, 별도의 린스(Rinse)와 건조(Dry)는 불필요하다.

2.3 실습 준비물

- 4인치 웨이퍼(100mm)
- 4인치 Teflon 캐리어
- Wet-Station 장비(SC1, SC2, SPM, HPM, TCE, 아세톤, 메탄올 Bath)
- 초순수(DI Water), 질소(N_2)
- 웨이퍼 Tweezer
- 보호용 테프론 장갑 및 앞치마
- 보안경, 마스크

[그림 2.2] Wet-Station 세정장비 및 화학용액(B.O.E, HCl)

2.4 실습 순서

실습은 Wet-Station 장비를 사용한 습식세정방법으로 APM, HPM, DHF 세정방법을 순차적으로 실습한다. 세정 공정 실습 시에는 보안경, 내산장갑등 안전장비를 착용 후 진행하고, 특히, 산(acid)을 사용하므로 내식성이 강한 테프론 재질의 비이커, Tweezers 및 웨이퍼 캐리어를 사용하여 안전에 유의하여 실습한다.

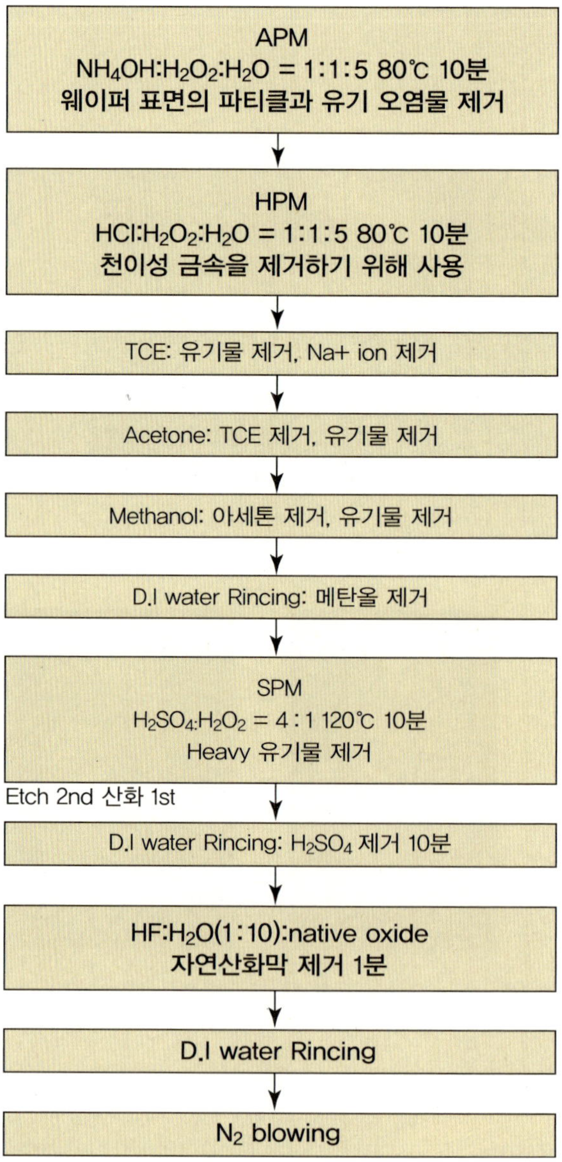

[그림 2.3] 세정 실습순서

(1) 1~3단계는 SC1 웨이퍼 세정 실험을 통해, 유기 오염원을 제거하기 위한 공정이다.

① Wet-Station 장비를 가동시키고, 웨이퍼를 준비한다.

② SC1 Bath에 $NH_4OH:H_2O_2:H_2O = 1:1:5$의 용액을 준비하고, Bath를 75℃로 가열한다.

③ 위 용액에 10분 동안 담그고 세정한 후, Rinse Bath로 이동하여 초순수와 N_2 Bubble을 사용하여 10분 정도 충분히 씻어준다.

(2) 4~5단계는 SC2 웨이퍼 세정 실험을 통해, 금속성 오염원을 제거하기 위한 공정이다.

④ SC2 Bath에 $HCl:H_2O_2:H_2O = 1:1:5$의 용액을 준비하고, Bath를 75℃로 가열한다.

⑤ 위 용액에 10분 동안 담그고 세정한 후, Rinse Bath로 이동하여 초순수와 N_2 Bubble을 사용하여 10분 정도 충분히 씻어준다.

(3) 6~8단계는 HPM 웨이퍼 세정 실험을 통해, 세정 시 생긴 자연 산화막을 제거하기 위한 공정이다.

⑥ SPM Bath에 $HF:H_2O_2(1:10)$의 용액을 준비한다.

⑦ 위 용액에 1분 동안 담그고 세정한 후, Rinse Bath로 이동하여 초순수와 N_2 Bubble을 사용하여 10분 정도 충분히 씻어준다.

⑧ 흐르는 초순수를 이용하여, 웨이퍼를 헹구고 장비의 질소(N_2)를 이용하여, 웨이퍼를 건조시킨다.

2.5 실습 결과 분석 및 토의

1. 실리콘 웨이퍼의 표면 오염원의 종류 및 세정용액과 방법에 대해 비교하고, HF(BOE) 세정 전 후 수파 실험(Wafer Break Test)을 통해 소수성, 친수성 표면을 확인한다.

소수성 표면

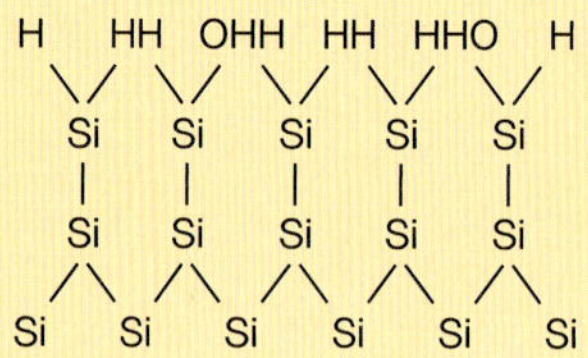

친수성 표면

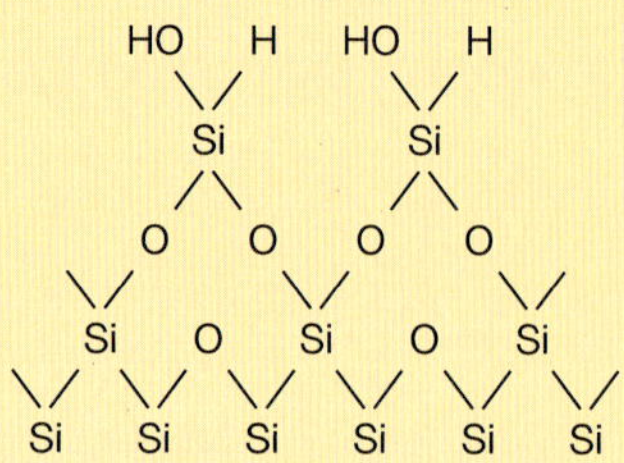

Hydrophobic(소수성) 확인	Hydrophilic(친수성) 확인

[그림 2.3] 소수성, 친수성 표면

2. 습식 세정과 건식 세정 방법에 대해 비교하여 설명한다.

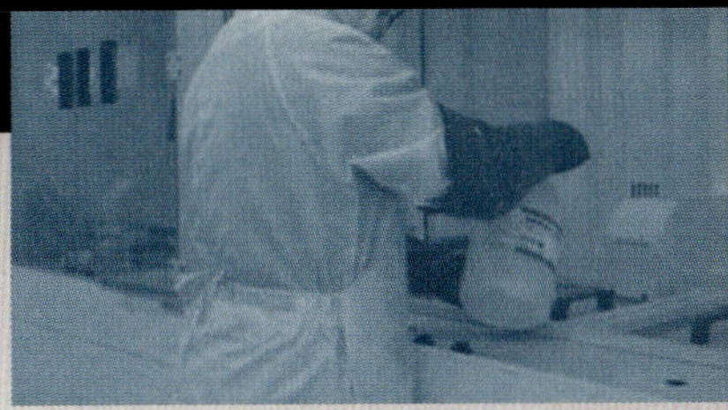

03

열산화막성장 실습 (Oxidation)

3.1 실습 목적

① 산화막 성장의 원리를 이해한다.

② Furnace 장비의 원리를 이해한다.

③ Furnace 장비 실습을 통해 열산화막을 성장시킬 수 있다.

3.2 이론적인 배경

본 장에서는 열산화막의 성장 원리를 학습하고 Furnace 장비를 사용하여 직접 산화막을 성장시켜 본다. 열 산화는 실리콘 소자에서 가장 중요한 공정 방법이며 또한 실리콘 집적회로 기술의 핵심 공정이다. 산화막을 성장시키기 위한 장치인 Furnace는 건식산화와 습식산화 방식이 있으며 고온에서 O_2 gas, N_2 gas 및 수증기(DI water)를 주입시켜 산화막을 성장시킨다. 산화막 성장원리는 다음의 화학 반응식으로 열 산화를 나타낸다.

$$Si(solid) + O_2(gas) \rightarrow SiO_2(solid)$$

$$Si(solid) + 2H_2O(gas) \rightarrow SiO_2(solid) + 2H_2(gas)$$

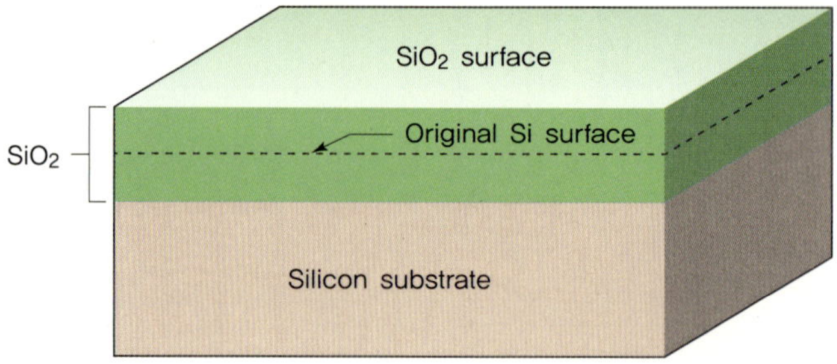

[그림 3.1] 열 산화에 의한 실리콘 산화막의 성장

실리콘-실리콘 산화막 계면은 산화 공정 중에 실리콘 안쪽으로 이동한다. 이것은 원래 실리콘이 가지고 있는 표면 오염이 산화물 표면으로 이동되어 갓 생성된 계면 영역을 형성한다. 그림 2-1은 실리콘 산화막의 성장을 보여준다.

표 3.1은 실리콘의 습식 산화를 위한 속도 상수의 값이며, 표 3.2는 건식 산화의 상수 값이다.

〈표 3.1〉 실리콘 습식 산화의 성장률 상수

Oxidation Temperature(℃)	A(μm)	Parabolic Rate Constant B(μm²/h)	Linear Rate Constant B/A(μm/h)	τ(h)
1200	0.05	0.720	14.40	0
1100	0.11	0.510	4.64	0
1000	0.226	0.287	1.27	0
920	0.50	0.203	0.406	0

건식방식은 좋은 균일도를 얻을 수 있지만 시간이 오래 걸리며, 습식방식은 막의 균일도(Uniformity)는 건식보다 좋지 않지만 SiO_2에서의 용해도가 H_2O가 O_2보다 1,000배정도 빠르기 때문에 단시간에 막을 올릴 수 있다. 또한, 산화막 성장에 영향을 주는 요소는 온도, 시간, 산소압력, 웨이퍼의 결정방향, 표면 손상 등에 영향을 받는다.

처음 열산화막이 성장하기 시작할 때, 즉 열산화막 두께가 얇을 때는 막 성장 속도는 시간에 따라 비교적 일정하다. 이는 쉽게 O_2, 또는 H_2O가 얇은 산화막을 통과해 실리콘과 반응할 수 있기 때문이다. 하지만 어느 정도 막이 성장되면 더 이상 확산 통과가 쉽지 않으므로 막 성장 속도는 감소한다. 열산화막 성장 속도는 공정온도, 성장방법, 웨이퍼의 결정 방향, 도핑 농도, 공정 압력 등의 영향을 받는다.

〈표 3.2〉 실리콘 건식 산화의 성장률 상수

Oxidation Temperature(℃)	A(μm)	Parabolic Rate Constant B(μm²/h)	Linear Rate Constant B/A(μm/h)	τ(h)
1200	0.05	0.720	14.40	0
1100	0.11	0.510	4.64	0
1000	0.226	0.287	1.27	0
920	0.50	0.203	0.406	0
800	0.370	0.0011	0.0030	9.0
700	…	…	0.00026	81.0

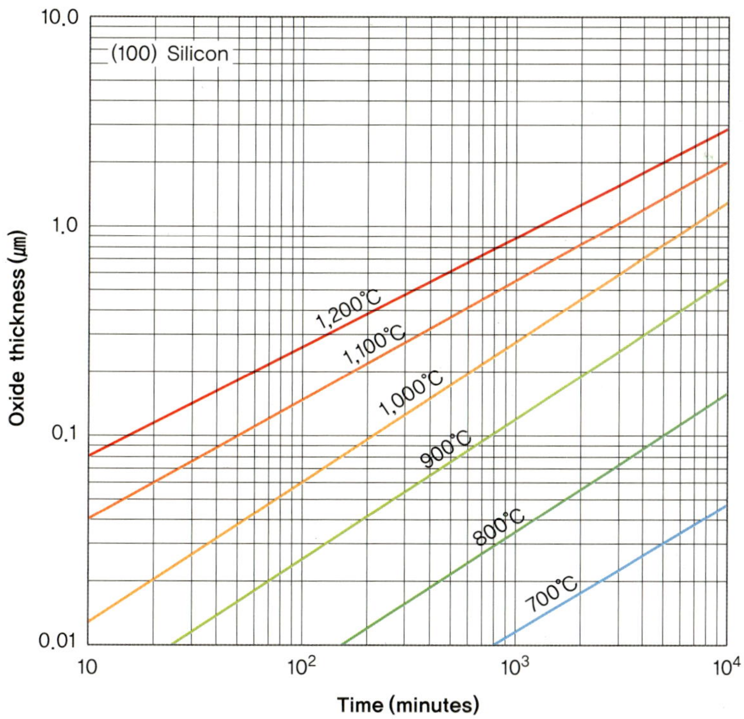

[그림 3.2] 산화막 두께에 영향을 미치는 온도와 시간(건식산화)

3.3 실습 준비물

- 세정 후 4인치 웨이퍼(100mm)
- 4인치 Quartz Boat, Quartz Rod
- Furnace(습식, 건식)
- Bubbler(H_2O), 산소(O_2)
- 4인치 Tweezer
- 내열 장갑(700℃)
- 보안경, 마스크

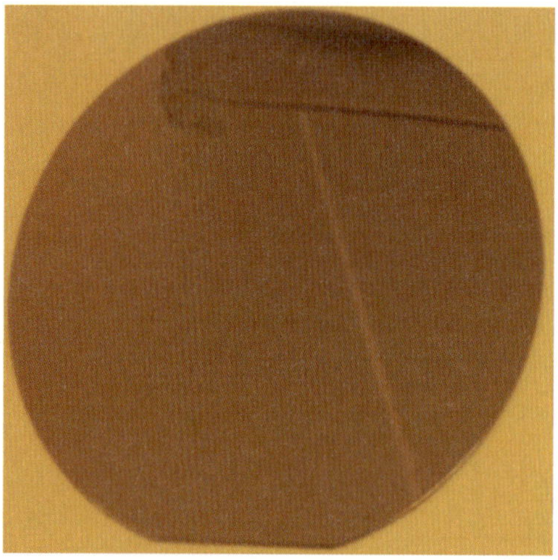

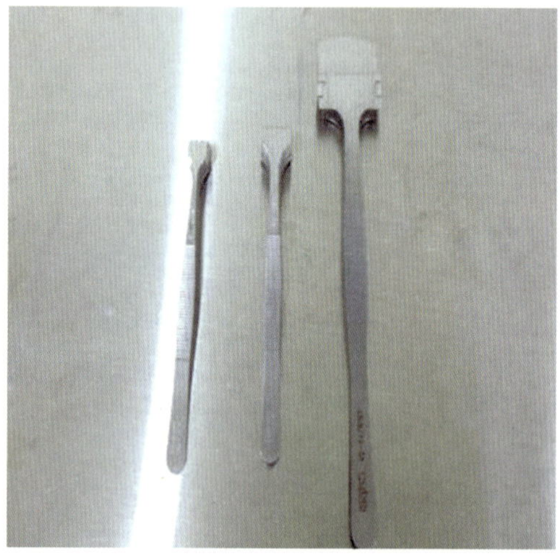

[그림 3.3] 4인치 웨이퍼(100mm) 및 Tweezer

3.4 실습 순서

실습은 Furnace 장비를 사용한 산화막 형성은 습식방식으로 실습한다. 열산화 실습 시에는 보안경, 내열장갑등 안전장비를 착용 후 진행하고, 특히, 1,000℃ 이상의 고온을 사용하므로 내열성이 강한 Quartz 재질의 Boat, Rod를 사용하여 안전에 유의하여 실습한다.

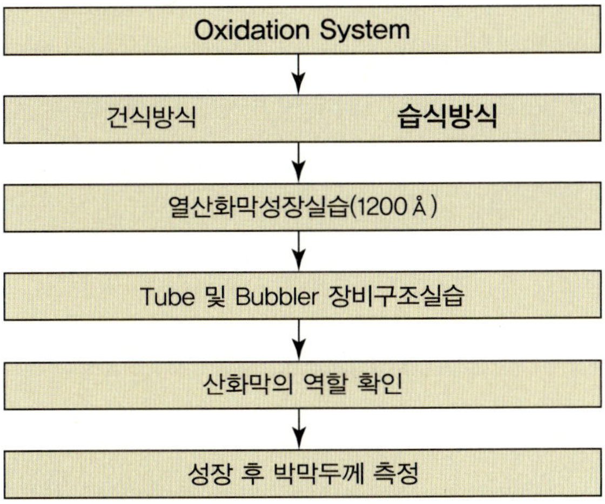

[그림 3.4] 열산화막성장 실습순서

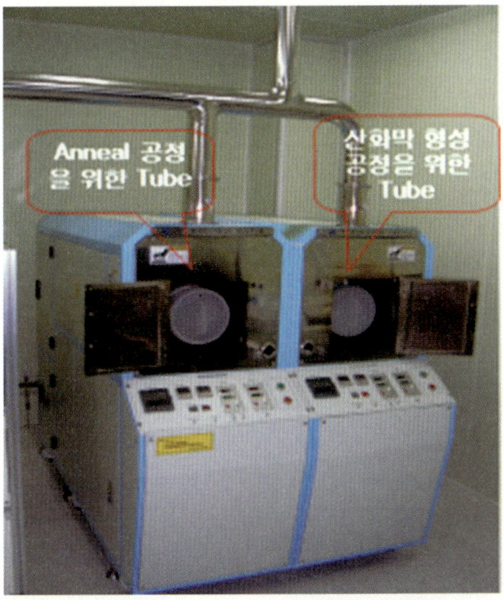

[그림 3.5] 교육용 Furnace 장비

그림 3.3 Furnace 장비를 나타내었다. 장비는 2개의 Tube로 구성되어 있는데 우측 Tube는 산화막 형성 공정을 위한 Tube로 습식산화와 건식산화 공정을 진행할 수 있도록 O_2 가스, N_2 가스 및 초순수를 가열하여 수증기를 발생시키는 Bubbler가 있으며 가열을 위한 3개의 Heating Coil, 그리고 이들을 각각 제어하기 위한 컨트롤러로 구성되어 있다. 좌측 Tube는 Anneal 공정을 위한 Tube로 O_2가스 주입장치 및 Bubbler를 제외하고 위의 구성과 동일하다.

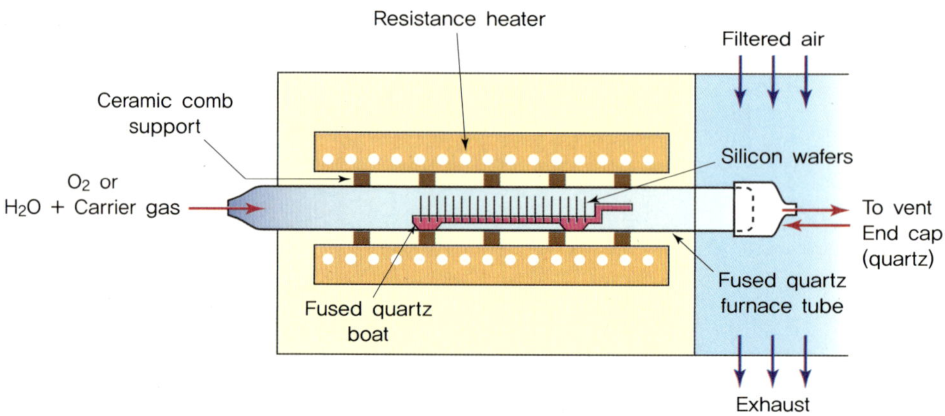

[그림 3.6] 열 산화로(Furnace)의 도식적 단면도

(1) 1~3단계는 Furnace 장비의 Oxidation System을 가동하기 위한 공정이다.

① 분전반에 있는 SYSTEM용 누전 차단기 및 장비 전원을 ON시킨다.

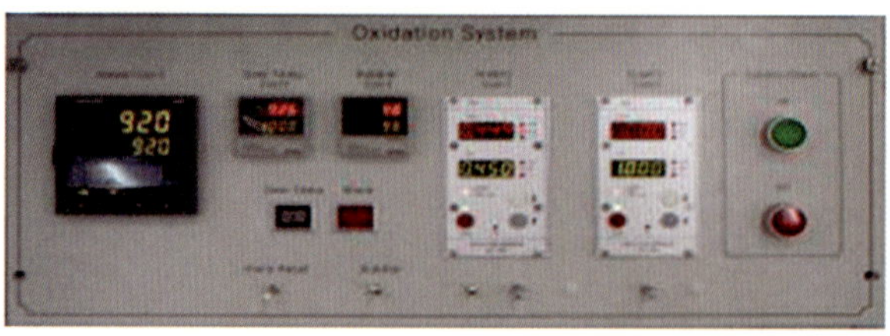

② Heater Controller를 사용하여, 장비 Tube의 전면, 중앙, 후면 온도를 600℃로 설정한다.

③ Bubbler Controller의 온도를 90℃로 설정한다.

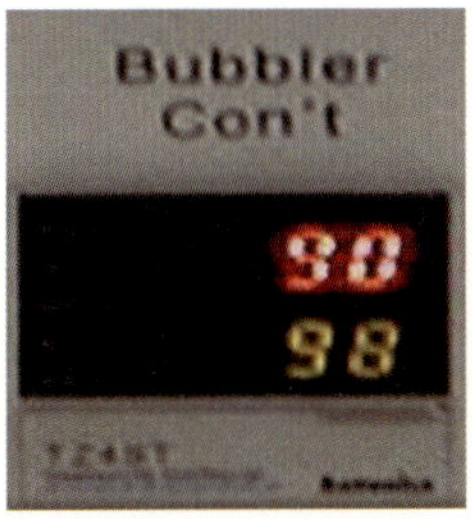

(2) 4~7단계는 습식산화막 성장실습을 통해, 실리콘 웨이퍼에 열산화막을 형성하기 위한 공정이다.

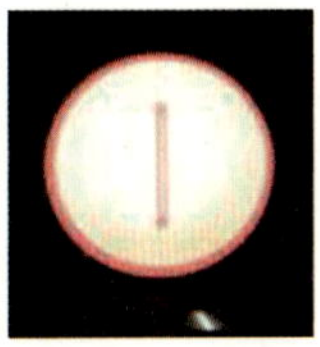

④ Loading port에 웨이퍼를 Loading한다. Boat에 웨이퍼를 놓고 Push-full Rod를 이용하여 Loading시킨다.

⑤ Temp Controller를 이용하여 공정 온도를 1000℃로 설정 후, 10분 정도의 안정화 시간을 가진다.

⑥ Bubbler용 Heater Switch를 ON시킨다.

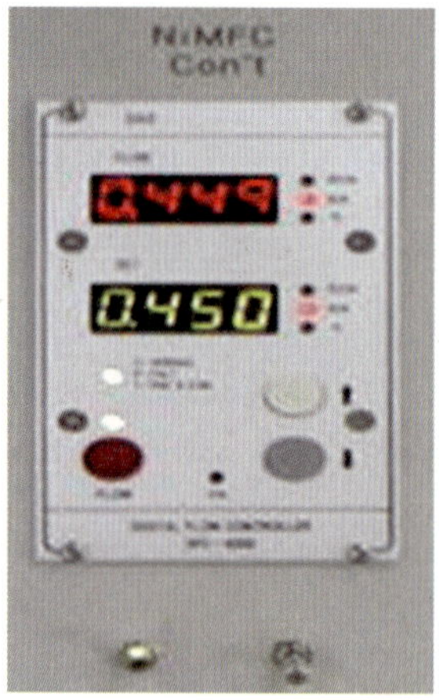

⑦ Program된 온도로 Heater의 온도가 올라가고 Bubbler의 온도가 올라가면 MFC Controller를 사용하여, 공정에 맞게 Gas 공급량을 설정한 후 Bubbler Push Gas용 N_2 Switch를 ON하여, 열산화막성장 공정을 진행한다. (1200 Å 기준 10분 동안 습식산화공정 진행)

(3) 8~11단계는 열산화막성장 공정 후 실리콘 웨이퍼를 Unloading 하기 위한 공정이다.

⑧ 10분 경과 후 공정이 모두 진행되면 Flow 양을 0으로 Setting하고, MFC Controller 아래에 있는 Bubbler Push Gas용 N_2 Switch를 OFF시킨다.

⑨ 온도가 내려갈 때까지 기다린 후, Wafer를 Unloading한다.

⑩ System을 Down시키려면 Herter용 누전 차단기를 OFF시킨다.

⑪ 모든 조작용 Switch를 OFF시키고, 분전반에 있는 모든 차단기를 OFF시킨다.

〈 주의사항 〉

- Heating시 100A 이상의 전류가 흐르므로 조심해야 한다.
- Heating시 Frame Cover가 뜨거우니 주의해야 한다.

Film Thickness (Å)	Color of Film (those shown are only indicative)
500	tan
700	brown
1000	dark violet to red violet
1200	royal blue
1500	light blue to metallic blue
1700	metallic to very light yellow-green
2000	light gold or yellow - slightly metallic
2200	gold with slight yellow-orange
2500	orange to melon
2700	red-violet
3000	blue to violet-blue
3100	blue
3200	blue to blue-green
3400	light green
3500	green to yellow-green
3600	yellow-green
3700	green-yellow
3900	yellow
4100	light orange
4200	carnation pink
4400	violet-red
4600	red-violet
4700	violet
4800	blue violet
4900	blue
5000	blue-green
5200	green
5400	yellow-green
5600	green-yellow
5700	yellow to "yellowish" (at times appears light gray or metallic)
5800	light orange or yellow to pink
6000	carnation pink
6300	violet-red
6800	"bluish" (appears between violet-red and blue-green - overall looks grayish
7200	blue-green to green
7700	"yellowish"
8000	orange
8200	salmon
8500	dull light-red-violet
8600	violet
8700	blue violet
8900	blue
9200	blue-green
9500	dull yellow-green
9700	yellow to "yellowish"
9900	orange

[그림 3.7] 산화막 색상표

3.5 실습 결과 분석 및 토의

1. 산화막을 성장시킨 후 SiO_2의 두께를 박막두께측정 장비를 사용하여 측정하시오.

측정 부위	측정 두께 [Å]		
center		Average	
right		Maximum	
left		Minimum	
top		Range	
bottom		Uniformity	

2. 습식산화 방법으로 1200 Å 의 산화막(SiO_2)을 얻고자 한다. 이때 산화온도 및 시간은 얼마이며, 예상되는 산화막의 표면 색깔은 무엇인가?

3. 열산화막 형성에 영향을 미치는 요소에 대해 설명하시오.

4. 반도체 공정에서 산화막(SiO_2)의 역할에 대해 설명하시오.

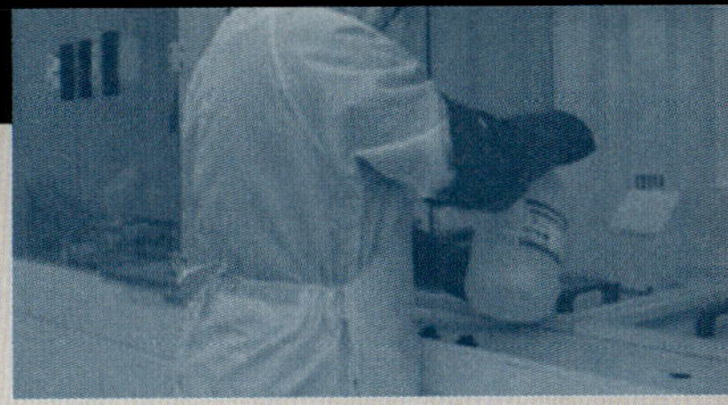

04

화학기상 증착실습 (CVD)

4.1 실습 목적

① PECVD 장비를 이용하여 산화막(SiO_2), 질화막(Si_3N_4)을 증착할 수 있다.

② PECVD 장비구조와 증착방법을 학습한다.

③ 반도체공정에서 CVD막의 종류와 역할을 알 수 있다.

4.2 이론적인 배경

본 장에서는 CVD(Chemical Vapor Deposition) 의 원리를 공부하고 PECVD, LPCVD 장비를 사용하여 직접 산화막(SiO_2)과 질화막(Si_3N_4) 증착 실습을 해본다. CVD 장비는 Chamber(반응실) 안에 반응 가스를 공급하고 열, 플라즈마, 빛(UV, Laser)등 에너지를 부여하여 화학반응에 의해 고체생성물을 웨이퍼위에 형성시키는 방법이다.

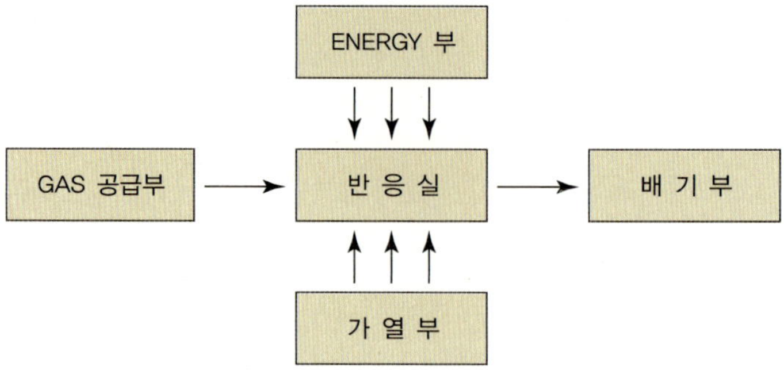

[그림 4.1] CVD 장비 구조

반응온도는 100~1200℃ 범위로 광범위하게 사용되고, 유입된 반응가스의 분해는 RF 전력에 의한 플라즈마 에너지, 레이저 또는 자외선의 광에너지가 이용되며, 기판의 가열에 의하여 분해된 원자나 분자의 반응을 촉진하거나 형성된 박막의 물리적 성질을 조절하기도 한다. CVD로 얻어지는 박막의 물리적 성질은 증착이 일어나는 기판(비정질, 다결정, 결정)과 온도, 증착속도 등의 증착조건에 의하여 결정된다. 일반적으로 이러한 변수들이 증착되는 원자의 표면 이동속도에 영향을 미침으로써 막의 구조나 성질에 영향을 미친다.

4.2.1 PECVD(Plasma Enhanced Chemical Vapor Deposition)

CVD 방법 중 가장 대표적인 방법으로 플라즈마를 에너지원으로 사용하는 박막증착 방법이며, 저온에서 양질의 산화막(Oxide) 및 질화막(Nitride)을 증착할 때 주로 사용된다. 특히 금속공정 후의 층간절연막이나 마무리 보호막 층으로 산화막(Oxide) 및 질화막(Nitride)을 증착할 때는 저온에서 해야 하므로 PECVD 방법이 필요하다.

〈표 4.1〉 PECVD 박막의 응용

Flim	장 점
OXIDE	보호막으로, Nitride Film의 단점 보완용으로 Stress감소를 목적으로 사용
	Inter Metal 절연용(IMO) 및 Hillock Suppression(언덕 억제)용으로 사용
NITRIDE	Na+ION 및 습기 등의 침투방지(Passivation)에 우수한 특성으로 보호막으로 사용

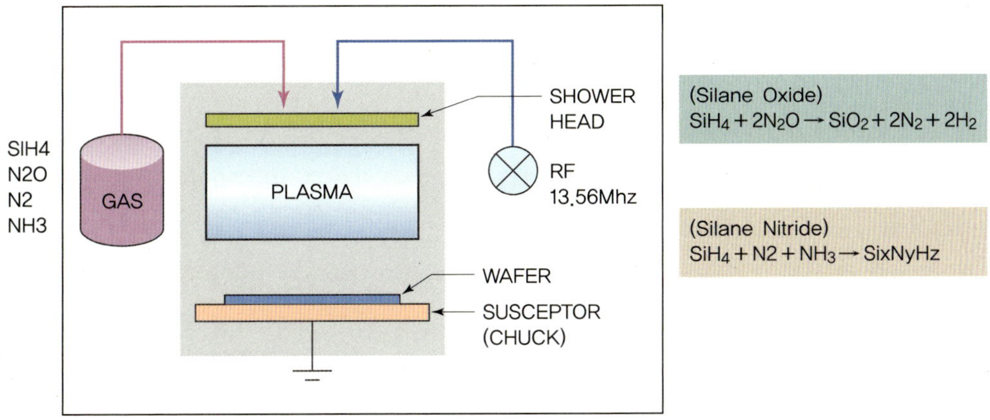

[그림 4.2] PECVD Chamber 구성

4.2.2 플라즈마 생성

물질 중에서 가장 낮은 에너지 상태인 고체에 열을 가하여 온도가 올라가면 액체가 되고 다시 열에너지가 가해지면 기체로 전이를 일으킨다. 계속해서 기체가 더 큰 에너지를 받으면 상태전이와는 다른 이온화된 입자들이 만들어 지게 되며, 이때 양이온과 음이온의 총 전하수는 거의 같아진다. 이러한 상태가 전기적으로 중성을 띠는 플라즈마 상태이다. 우리 주변에서 관찰할 수 있는 플라즈마 상태로는 조명등으로 사용하고 있는 형광등과 길거리에서 흔하게 볼 수 있는 네온사인 그리고 자연현상으로는 소나기가 쏟아지면서 자주 발생하는 번개 같은 것들이 있으며 북극지방 밤하늘에 발생하는 오로라(AURORA)도 플라즈마가 나타내는 빛이라고 볼 수 있다.

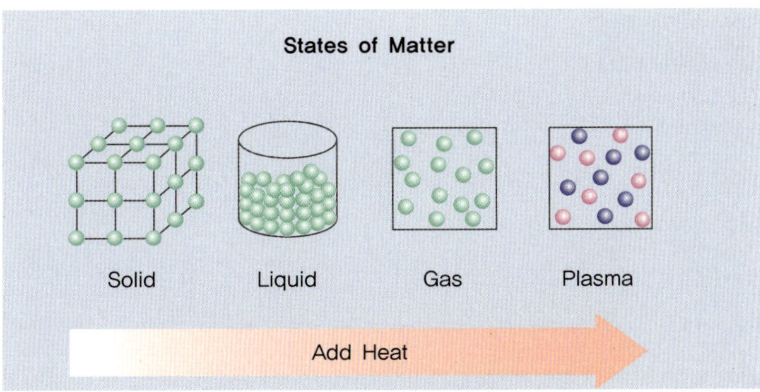

[그림 4.3] 플라즈마 발생

4.2.3 LPCVD(Low Pressure Chemical Vapor Deposition)

LPCVD 공정은 저압(0.~2 Torr)에서 화학기상 반응을 이용하여 박막을 형성시키는 공정이며 Furnace에 수직이나 수평적으로 웨이퍼를 장착할 수 있으며 많은 수의 웨이퍼를 한꺼번에 처리할 수 있다. 주요 장점으로는 APCVD, PECVD에 비하여 우수한 step-coverage와 uniformity를 가지고 있다. 또한 Pump 사용으로 압력을 낮춤으로써 반응 Gas의 확산속도를 현저히 높일 수 있고 가격이 싸다는 점도 있다. 단점으로는 성장률이 온도에 민감하며 반응실의 벽에도 증착이 되어 웨이퍼의 균일성을 얻기 어려워 낮은 증착률을 보이며 높은 온도에서 동작을 해야 하는 점이 있다. 응용 분야는 Poly-Si, PSG, BPSG, Si_3N_4, W Thin Film 제조 등에 쓰인다.

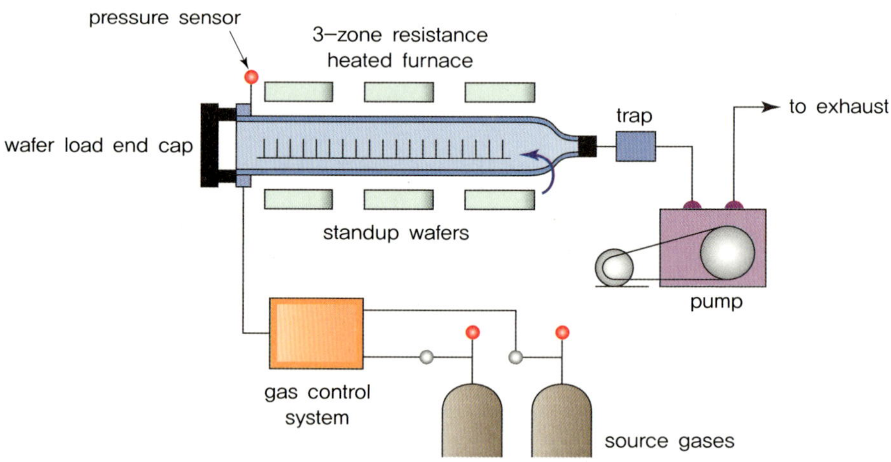

[그림 4.4] LPCVD 장비시스템

4.3 실습 준비물

- PECVD System(본체, 진공 Pump, RF 발생기, 열교환기 등)
- LPCVD System(본체, 진공 Pump, Heated Furnace 등)
- 8인치 실리콘 웨이퍼
- Gas Cabinet(SiH_4, NH_3, N_2O, CF_4, N_2)
- Gas Scrubber
- 8인치 캐리어
- 8인치 Tweezer

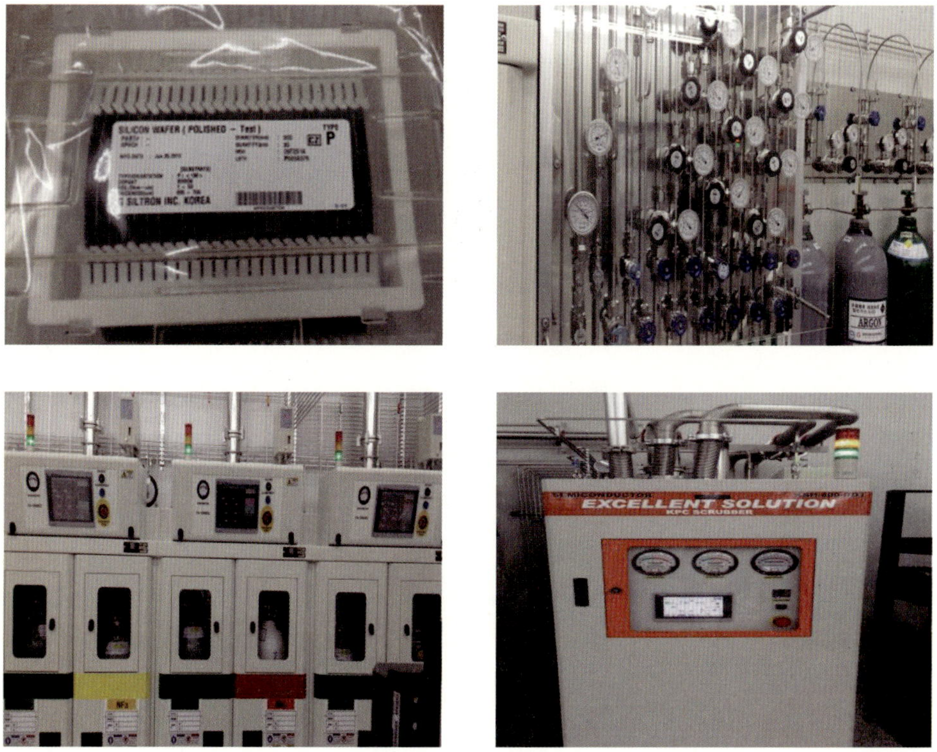

[그림 4.5] 8인치 웨이퍼 및 Gas Utility 장비

4.4 실습 순서

4.4.1 PECVD 산화막(SiO_2), 질화막(SixNyHz) 증착실습

실습은 PECVD 장비를 사용한 산화막, 질화막 증착 방법에 대해 실습한다. CVD 실습 시에는 Gas Cabinet, Gas Scrubber 등 유틸리티 장비를 가동 후 진행하고, 특히, 폭발, 부식성이 강한 SiH_4, NH_3 Gas 등을 사용하므로 반응 Gas 안전에 유의하여 실습한다.

(1) 1~2단계는 PECVD System을 가동하기 위한 공정이다.

① PECVD System에서 공정을 진행하기 위해, 진공 Pump, Chamber 온도 설정 등 장비를 가동한다.

② 안정적인 공정진행과 안전을 위한 Gas Cabinet(SiH_4, N_2O, NH_3, CF_4, N_2)과 Gas Scrubber 등 유틸리티 장비를 가동하여, 공정진행을 위한 준비 작업을 한다.

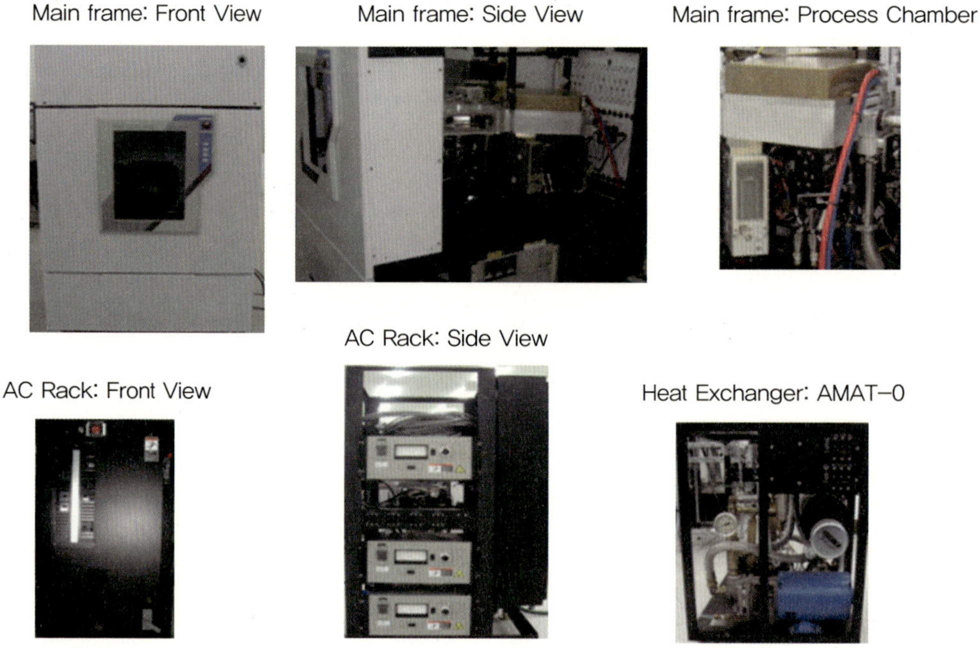

[그림 4.6] PECVD System(AMAT P-5000)

(2) 3~8단계는 장비를 사용하여, 박막증착공정을 위한 단계이다.

③ Cassette Indexer에 실리콘 웨이퍼를 넣고 카세트를 고정한 후 웨이퍼를 Main장비 내부로 Loading한다.

④ Storage Elevator로 웨이퍼를 거쳐 Orienter Chamber로 웨이퍼를 이송하여, 웨이퍼를 정렬시키고 Robot Blade를 사용하여, 공정을 진행할 Chamber로 웨이퍼를 이송한다.

⑤ 공정 Chamber 내에서 웨이퍼 위에 원하는 막이 증착될 수 있도록 Gases, Heat, 그리고 RF 에너지가 공정 Chamber 안으로 공급된다.

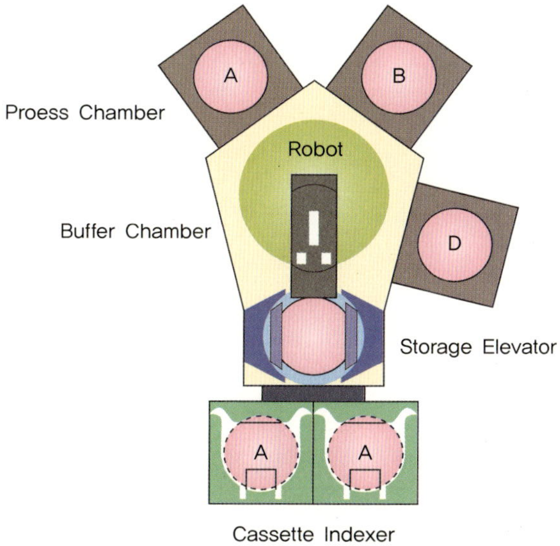

[그림 4.7] 웨이퍼 Transfer

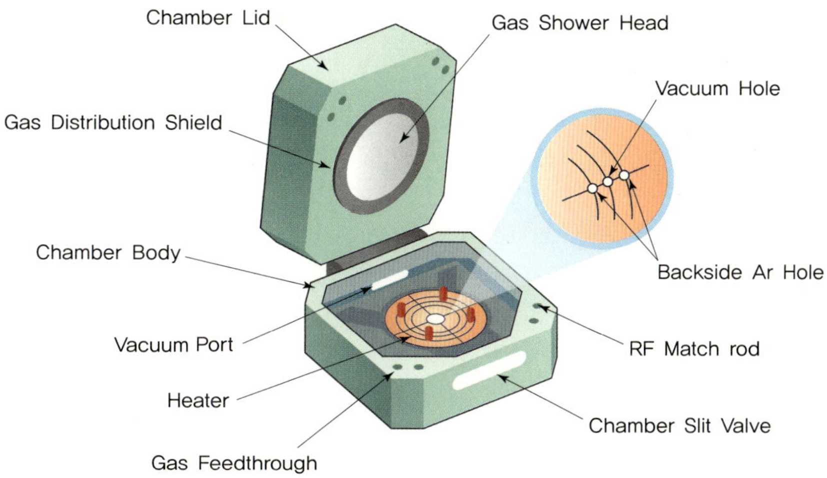

[그림 4.8] 공정 Chamber 내부

⑥ 다음 단계로 Chamber 내부에서 공정이 진행된다.

- 반응 Chamber안에 반응 Gas와 비반응 Gas주입
- 반응 Gas가 웨이퍼 표면 위로 분사
- 반응 Gas가 웨이퍼 표면에 흡착
- 반응 Gas가 화학반응하여 웨이퍼 표면 위에 Film 형성
- 부산물 Gas가 반응 Chamber로부터 제거됨

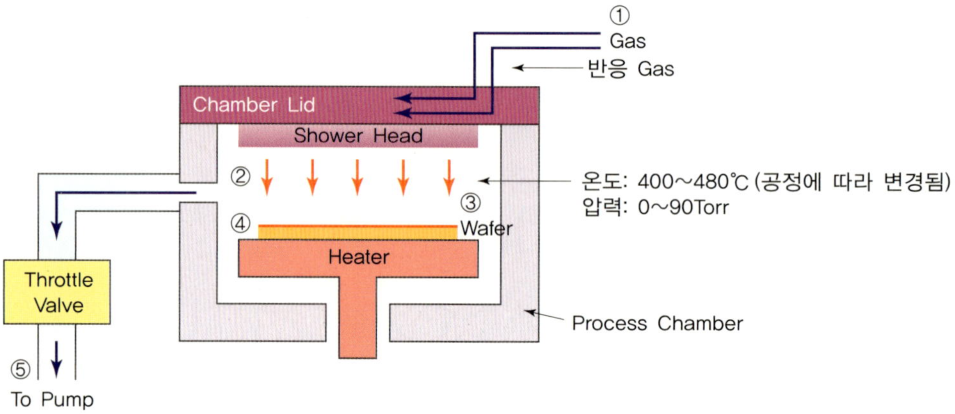

[그림 4.9] 공정 진행 순서

⑦ 공정조건에 맞는 Recipe를 Loading하여 공정 Chamber에서 Oxide(5000Å)막을 증착한다.

- 증착을 위한 공정조건은 다음과 같다.
- 증착시간 40초, Chamber압력 2.8Torr, 플라즈마 Power 230W
- 공정가스 및 공급량 SIH_4 90sccm, N_2O 1,800sccm

⑧ 공정조건에 맞는 Recipe를 Loading하여 공정 Chamber에서 Nitride(10,000Å)막을 증착한다.

- 증착시간 80초, Chamber압력 4.5Torr, 플라즈마 Power 720W
- 공정가스 및 공급량 SIH_4 275sccm, N_2 4,000sccm, NH_3 1,000sccm

(3) 9~11단계는 공정 후 웨이퍼를 Unloading하고 장비 정리를 위한 단계이다.

⑨ 공정 Chamber에서 공정 진행 완료 후 웨이퍼를 공정 Chamber에서 Robot Blade를 사용하여, Storage Elevator로 이송한 후, Index Cassette로 이송한다. (Process Chamber는 Chamber 오염 방지를 위해 CF_4, N_2O의 Gas를 사용하여 Cleaning을 진행한다.)

⑩ Cassette에서 웨이퍼를 Unloading 후, 박막 두께 측정 장비를 이용하여 증착한 막의 두께(Thickness), 균일도(Uniformity)등을 측정한다.

⑪ 모든 공정이 완료 후 안전을 위해 장비 Gas Line의 모든 공정 Gas를 배기시킨다.

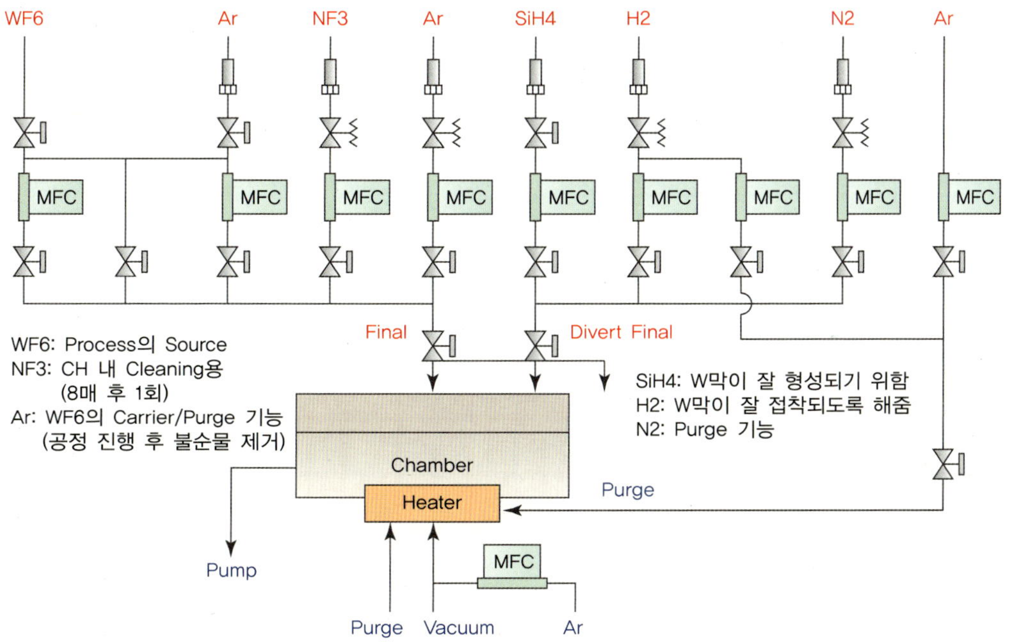

[그림 4.10] Gas Panel

4.4.2 LPCVD 절연막(SiO_2, SixNy) 증착실습

실습은 LPCVD 장비를 사용한 산화막, 질화막 증착 방법에 대해 실습한다. CVD 실습 시에는 Gas Cabinet, Gas Scrubber 등 유틸리티 장비를 가동 후 진행하고, 특히, 폭발, 부식성이 강한 DCS(SiH_2Cl_2), NH_3 Gas 등을 사용하므로 반응 Gas 안전에 유의하여 실습한다.

(1) 1~2단계는 LPCVD System을 가동하기 위한 공정이다.

① LPCVD System에서 공정을 진행하기 위해, 진공 Pump, Heating Zone 온도 설정 등 장비를 가동한다.

② 안정적인 공정진행과 안전을 위한 Gas Cabinet(DCS, N_2O, NH_3, N_2)과 Gas Scrubber 등 유틸리티 장비를 가동하여, 공정진행을 위한 준비 작업을 한다.

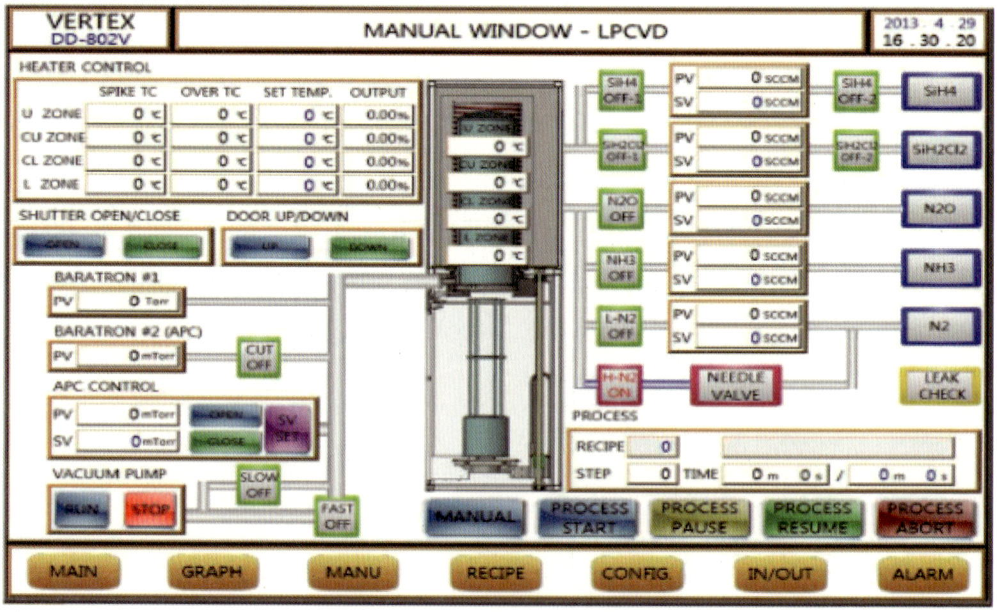

[그림 4.11] Main Screen

(2) 3~8단계는 장비를 사용하여, 박막증착공정을 위한 단계이다.

③ Quartz Boat에 실리콘 웨이퍼를 넣고 Boat를 고정한 후, 웨이퍼를 Main장비 내부로 Loading한다.

④ Loader를 거쳐 Heating Zone으로 웨이퍼를 이송하여, 웨이퍼를 정렬시키고 공정을 진행할 Chamber로 웨이퍼를 이송한다.

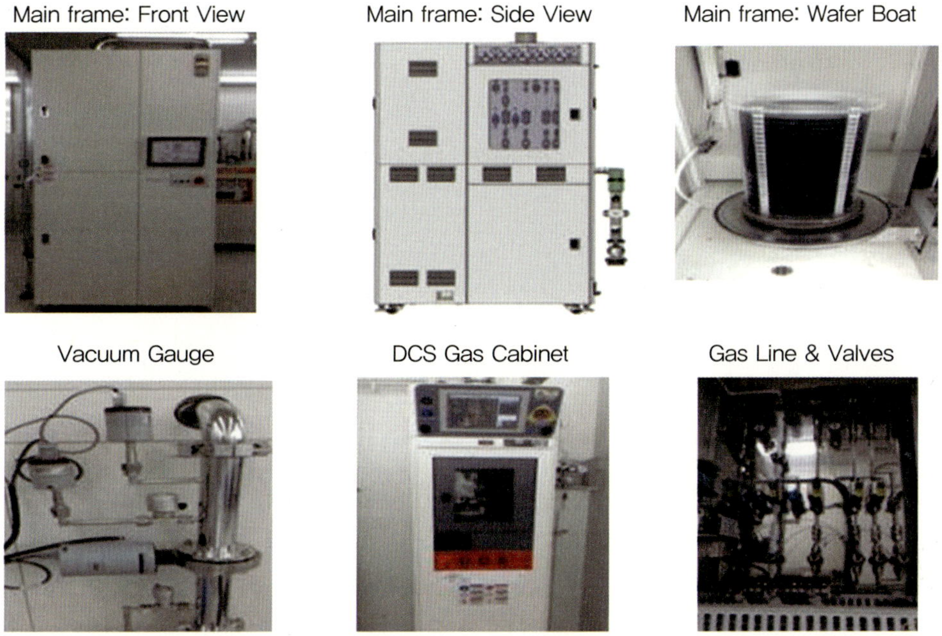

[그림 4.12] LPCVD System

⑤ 공정 Chamber 내에서 웨이퍼에 원하는 막이 증착될 수 있도록 Recipe를 선택하고 Gases, Heat, 진공압력, 시간 등을 공정조건에 맞게 Chamber 안으로 공급한다.

⑥ Chamber 내부에서 공정이 진행되며, LPCVD의 특징은 다음과 같다.

- 고온(600~900℃), 저압(0.1~1Torr)에서 공정이 진행됨
- 느린 반응 속도와 낮은 막 성장 속도로 진행됨
- 우수한 막질과 균일한 박막 두께로 증착됨
- 저압 공정 → 높은 반응 기체 확산 속도 → 균일한 반응 기체 분포 → batch 공정 장비 가능함
- 부산물 Gas가 반응 Chamber로부터 제거됨

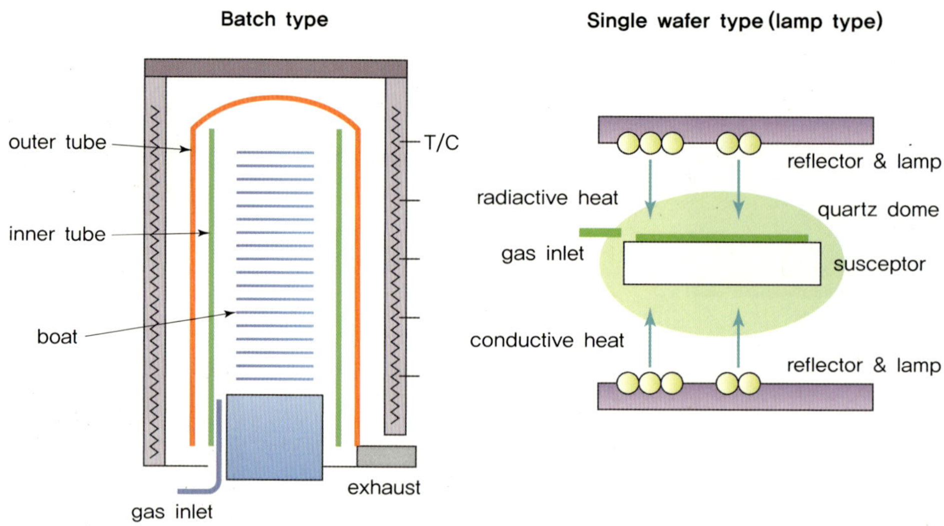

[그림 4.13] Chamber Type

⑦ 공정조건에 맞는 Recipe를 Loading하여 공정 Chamber에서 Oxide(2000 Å)막을 증착한다.

⑧ 공정조건에 맞는 Recipe를 Loading하여 공정 Chamber에서 Nitride(2,000 Å)막을 증착한다.

(3) 9~11단계는 공정 후 웨이퍼를 Unloading하고 장비 정리를 위한 단계이다.

⑨ 공정 Chamber에서 공정 진행 완료 후, 웨이퍼를 공정 Chamber에서 Elevator Unit을 사용하여, Loader로 이송한다. Process Chamber는 Chamber 오염 방지를 위해 Gas를 사용하여 Chamber Cleaning을 진행한다.

⑩ Quartz Boat에서 웨이퍼를 Unloading 후, 박막 두께 측정 장비를 이용하여 증착한 막의 두께(Thickness), 균일도(Uniformity) 등을 측정한다.

⑪ 모든 공정이 완료 후, 안전을 위해 장비 Gas Line의 모든 공정 Gas를 배기시킨다.

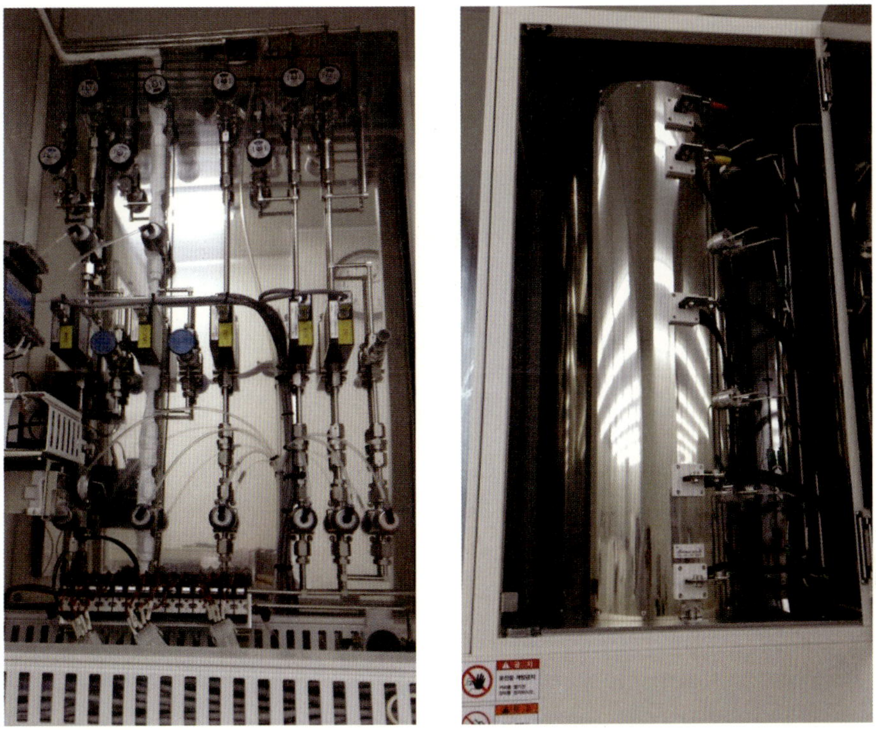

[그림 4.14] Gas Line 및 Process Chamber

4.4.3 LPCVD 장비 주요 Parts

- **Cylinder**: Air로 구동 Tube의 열 방출을 방지하기 위한 Shutter를 이동시키는 장치

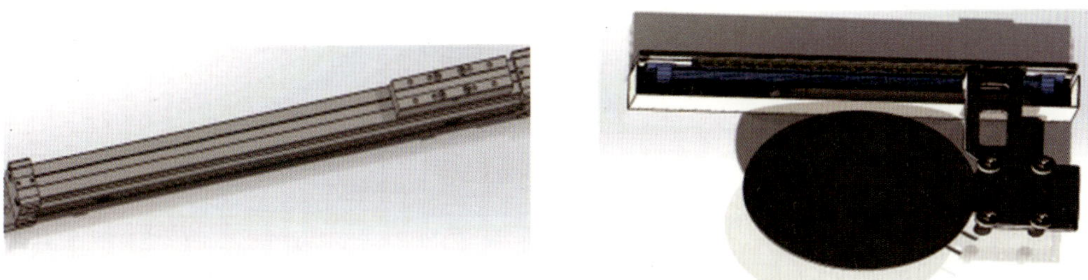

[그림 4.15] Cylinder

- **Baratron Gauge**: 진공의 정도를 파악하기 위한 Gauge로 시그널 변화를 통해 가시적으로 압력값을 알려주는 장치이다.

[그림 4.16] Baratron Gauge(MKS社)

〈표 4.2〉 LPCVD Baratron Gauge 사양

NO	PART 명	내용
1	Type 628D	Heated to 100℃ / 15-pin D 컨넥터
2	압력범위 -Torr(m bar)	0.05, 0.1, 0.25, 1, 2, 10, 20, 100, 1000, 2000, 5000, 10000, 15000, and 20000(0.066 to 26315)
3	정확도 - %판독값	0.25% for 1 Torr and above; 0.50% for below 1 Torr
4	주위온도	15 to 50℃
5	과압한계	45 psia
6	입력전원 요구사항	±15VDC(±5%) @ 500mA max
7	Output Signal	0-10VDC into > 10 k-ohms
8	Warmup Time(예열시간)	2 hours for 1 Torr and higher; 4 hours for <1 Torr
9	Exposed Volume - cm^3	6.3

- Throttle Valve: 진공 Gate Valve의 일종으로 원판을 회전시켜 관로를 좁게하여 마찰에 의하여 압력을 내리는데 사용하는 밸브이다.

[그림 4.17] Throttle Valve

〈표 4.3〉 LPCVD Throttle Valve 사양

NO	PART 명	내용
1	Valves operated	유형 653 및 253 배기 스로틀 밸브
2	압력 입력 신호	0-10VDC, 0-5VDC,or 0-1VDC, 선택
3	입력전원 요구	90-132or 180-264VAC, 50/60Hz
4	외부 아날로그	압력 또는 위치 ,0-5,0-10 VDC
5	주위 온도	15도-50도C(60도-122도 F)
6	Interface	Analog, TTl(16 inputs,6 outputs) And(RS-232)
7	릴레이 출력	24Volts VDC 1AMP

4.5 실습 결과 분석 및 토의

1. PECVD장비로 5000 Å SiO_2(산화막)을 증착시킨 후, 두께 값을 측정하시오.

측정 부위	측정 두께 [Å]		
center		Average	
right		Maximum	
left		Minimum	
top		Range	
bottom		Uniformity	

2. LPCVD장비로 2,000 Å Si_3N_4(질화막)을 증착시킨 후, 두께 값을 측정하시오.

측정 부위	측정 두께 [Å]		
center		Average	
right		Maximum	
left		Minimum	
top		Range	
bottom		Uniformity	

3. CVD 장비의 종류 및 특징에 대해 비교하시오.

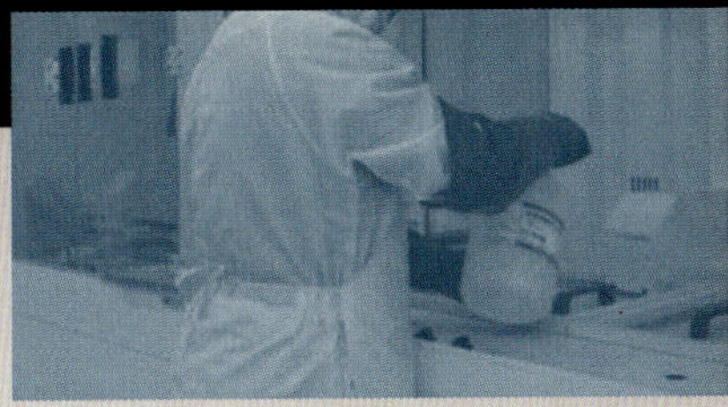

05

물리기상 증착실습 (PVD)

5.1 실습 목적

① PVD(Sputter) 장비를 이용하여 Ti, TiN, Al막을 증착할 수 있다.

② PVD(Evaporator) 장비를 이용하여 Al막을 증착할 수 있다.

③ 금속막 증착 방법과 종류를 알 수 있다.

5.2 이론적인 배경

PVD(Physical Vapor Deposition)는 물리적인 방법에 의해 막을 증착하는 방법이다. 진공 상태에서 스퍼터링(Sputtering), 이베포레이션(Evaporation)으로 Al, Ti, TiN 등의 도전체를 형성한다.

5.2.1 스퍼터링

스퍼터링은 진공상태에서 금속 화합물로 만들어진 Target에 고전압을 공급하면 Target 주위에 Plasma 방전이 발생되고 방전 영역에 존재하고 있는 양 이온들이 전기적인 힘에 의해 Target 표면에 충돌하여 Target에서 떨어져 나온 원자들을 기판 위에 증착시키는 기술을 말한다. 이처럼 Ion이 물질의 원자간 결합 에너지보다 큰 운동 에

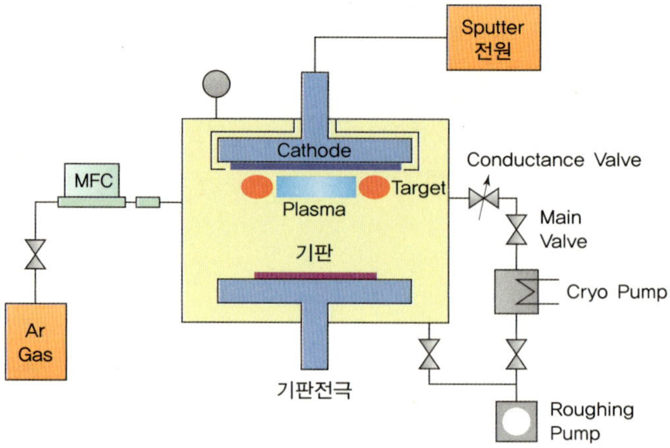

[그림 5.1] 스퍼터링 Chamber의 원리

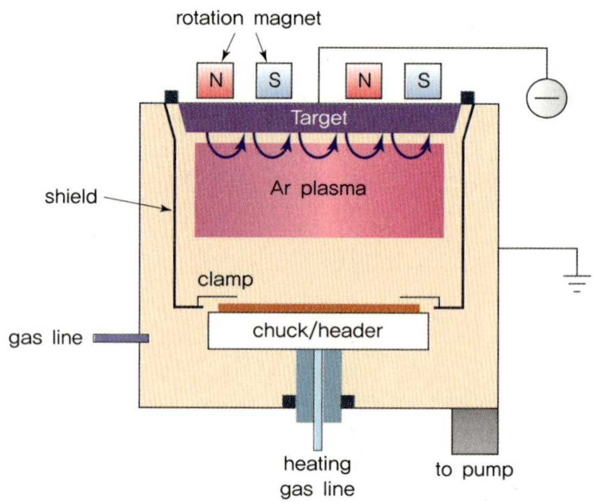

[그림 5.2] DC magnetron 스퍼터링 장치의 구조

너지로 충돌할 경우 ion 충격에 의해 물질의 격자 간 원자가 다른 위치로 밀리게 되어 원자의 표면 탈출이 발생하게 되며, 떨어져 나온 원자들은 웨이퍼에 쌓여 막이 증착된다.

스퍼터링법은 고융점 금속의 박막 형성에는 가장 적당한 방법이며, 반도체 소자제조의 배선 형성 기술에 가장 많이 사용되고 있다.

- **Target**: 기판에 증착할 대상 금속 물질(Ti, Al, W, Ta, Cu)의 음극(cathode) 역할을 하여 플라즈마 내의 Ar ion을 끌어당긴다.

- **Shield**: Target으로부터 이탈된 원자들이 chamber벽을 오염시키지 않도록 하고, chamber body와 함께 anode 역할을 한다. target과 shield 사이의 거리 최적화를 통해 플라즈마의 초기화를 실현한다.
- **Magnet**: Target의 뒤에 있는 영구자석으로 플라즈마내의 전자의 움직임을 활성화하여 효율을 향상시키고 magnet은 회전을 하며, 적절한 배열을 통해 증착 균일도를 향상시킨다.
- **Hhuck(heater)**: 웨이퍼를 지지하고 가열하는 역할을 한다.
- **Heating gas line**: 웨이퍼 가열을 위한 Ar을 공급한다.
- **Clamp**: 웨이퍼의 일부를 가리고 heater에 증착을 방지한다.
- **Pump**: Dry pump와 Cryopump를 사용한다.
- **Vacuum gauge**: 중진공 Baratron gauge, 고진공 ion gauge

5.2.2 이베포레이션

이베포레이션 증발은 진공증착이라고 표현하기도 하며, 진공에서 박막을 만들려는 물질을 가열하여 증발시켜 그 증기를 적당한 면 위에 부착시키는 방법으로서 증발의 과정이 열교환 과정이다. 진공에서 물질을 가열하는 방법인 저항 가열법으로 고융점의 금속(W, Mo, Ta) Boat에 증착 금속재료를 놓고, 전류를 흘려 직접 가열하여 물질

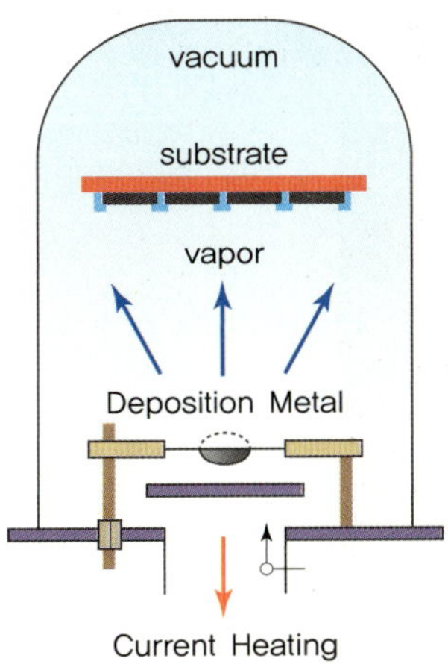

[그림 5.3] 이베포레이션 Chamber

을 증발시키는 방법이다. Al을 형성하는 경우에는 Al 덩어리를 가열하면 녹게 되고 더욱 가열하면 기체로 증발되어 웨이퍼 위에 증착된다.

이베포레이션은 장비가 간단하나, 막 증착률이 낮고, 단차피복성이 좋지 않으며 양이온의 오염 가능성도 높아 메모리 공정 등 양산 라인에서는 사용하지 않는다.

5.3 실습 준비물

- 스퍼터링 장비(Ti, TiN, Al Chamber)
- 이베포레이션 장비(Al Chamber), 텅스텐 Boat
- 4인치, 8인치 실리콘 웨이퍼
- 4인치, 8인치 캐리어
- 4인치, 8인치 Tweezer
- 금속(Titanium, Aluminum) Target 및 Aluminum 금속

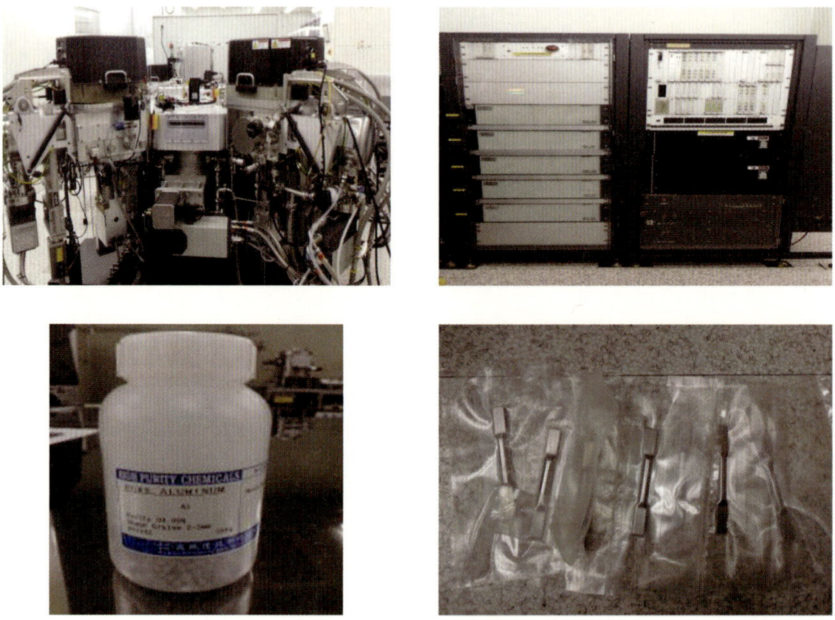

[그림 5.4] 금속막 증착장비 및 실습준비물

5.4 실습 순서

실습은 스퍼터링 장비를 사용한 Ti, Al, TiN 막증착 방법에 대해 실습한다. 스퍼터링 실습 시에는 고전압 발생장치, 고진공 Pump 등 유틸리티 장비를 가동 후 진행하고, 특히, System Controller Interlock 등 안전에 유의하여 실습한다.

5.4.1 스퍼터링 금속막(Ti, Al, TiN) 증착실습

(1) 1~2단계는 스퍼터링 System을 가동하기 위한 공정이다.

① 스퍼터링 System에서 공정을 진행하기 위해, 진공 Pump, Chamber 온도설정 등 장비를 가동한다.

② 안정적인 공정진행과 안전을 위한 Ar Gas 공급장치와 DC 플라즈마 발생장치 등 유틸리티 장비를 가동하여, 공정을 진행하기 위한 준비 작업을 한다.

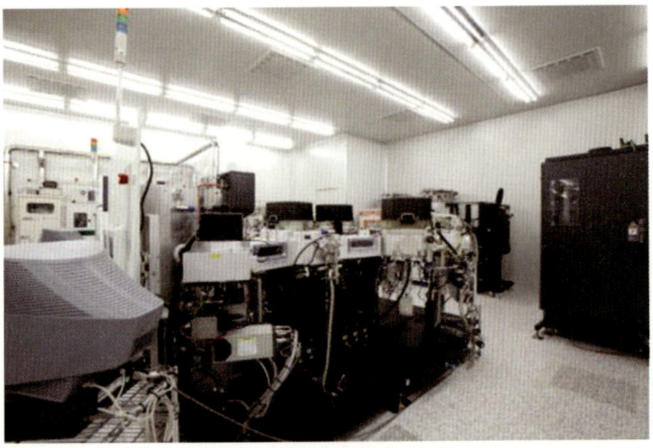

[그림 5.5] 스퍼터링 System(AMAT Endura-5500)

(2) 3~10단계는 장비를 사용하여, 금속막 증착공정을 위한 단계이다.

③ LLA(Loadlock Chamber)에 실리콘웨이퍼를 넣고 카세트를 고정한 후 웨이퍼를 Main장비 내부로 Loading한다.

④ Storage Elevator로 웨이퍼를 거쳐 Buffer Chamber를 거쳐 Orienter Chamber로 웨이퍼를 이송하여, 웨이퍼를 정렬시키고 Robot Blade를 사용하여, 공정을 진행

할 Chamber로 웨이퍼를 이송한다.

⑤ 내부 Chamber 이송은 다음의 순서로 웨이퍼를 이송한다.

Chamber A(Pre Clean) → Transfer Chamber → Process Chamber(Ti, Al, TiN) → Transfer Chamber → Chamber B(Cool Down) → Buffer Chamber → Storage Elevator → LLA

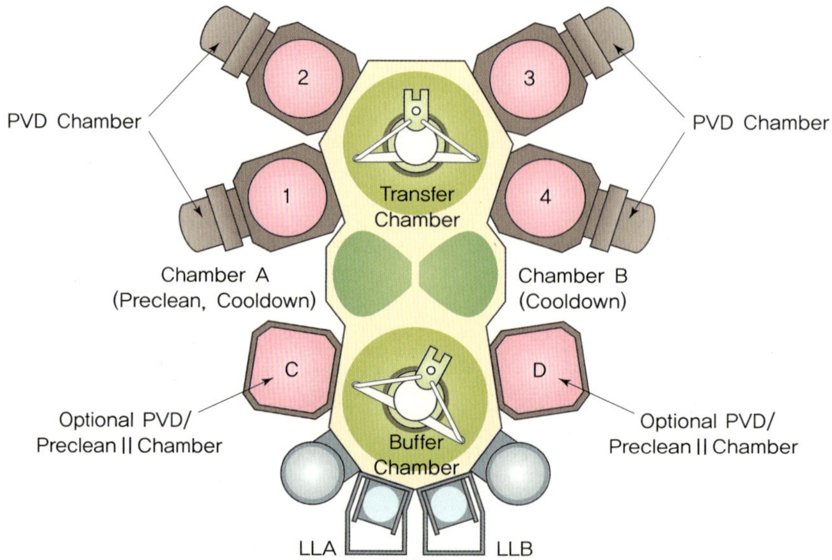

[그림 5.6] Chamber 구성(AMAT Endura-5500)

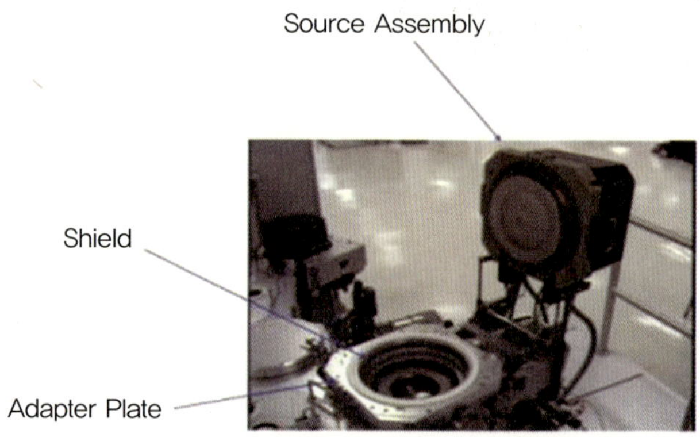

[그림 5.7] Process Chamber

⑥ 공정 Chamber 내에서 웨이퍼 위에 원하는 막이 증착될 수 있도록 Ar Gas, Heat, 그리고 DC 에너지가 공정 Chamber 안으로 공급된다.

⑦ Ti, Al, TiN 각각의 Chamber 내부에서 스퍼터링 방식에 의해 공정이 진행된다.

⑧ Ti 공정조건에 맞는 Recipe를 Loading하여 공정 Chamber에서 Ti(1,000Å)막을 증착한다. 증착을 위한 공정조건은 다음과 같다.

- 증착시간 60초, Chamber온도 300℃, Chamber압력 2.8E-8Torr, DC Power 3,000W
- 공정가스 및 공급량 Ar 50sccm

⑨ Al 공정조건에 맞는 Recipe를 Loading하여 공정 Chamber에서 Al(10,000Å)막을 증착한다. 증착을 위한 공정조건은 다음과 같다.

- 증착시간 60초, Chamber온도 350℃, Chamber압력 2.8E-8Torr, DC Power 6,500W
- 공정가스 및 공급량 Ar 35sccm

⑩ TiN 공정조건에 맞는 Recipe를 Loading하여 공정 Chamber에서 TiN(1,000Å)막을 증착한다. 증착을 위한 공정조건은 다음과 같다.

- 증착시간 60초, Chamber온도 300℃, Chamber압력 2.8E-8Torr, DC Power 6,500W
- 공정가스 및 공급량 Ar 25sccm, N_2 75sccm

(3) 11~13단계는 공정 후 웨이퍼를 Unloading하고 장비 정리를 위한 단계이다.

⑪ 공정 Chamber에서 공정 진행 완료 후, 웨이퍼를 공정 Chamber에서 Robot Blade를 사용하여 Storage Elevator로 이송한 후, Loadlock Cassette로 이송한다.

⑫ Cassette에서 웨이퍼를 Unloading 후, 박막 두께 측정 장비를 이용하여 증착한 막의 두께(Thickness), 균일도(Uniformity) 등을 측정한다.

⑬ 모든 공정이 완료된 후, 안전을 위해 장비 DC Power 전원을 끄고 장비상태를 확인한다.

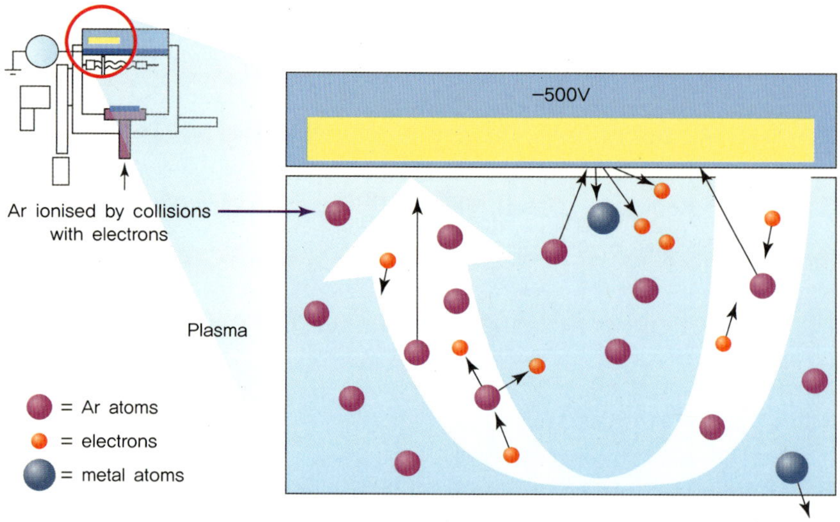

[그림 5.8] 스퍼터링 공정 개요

For aluminum–based interconnects

Barrier Metal: Ti, TiN, Ti/TiN
Al slab over tungsten plugs

For copper–based interconnects

Barrier Metal: W/WN, Ta/TaN
Cu seed layer under electro plating

Gate, S/D Metal Film

Gate, S/D Metal: Al, AlNd, Cr, MoW, MoCr, Mo, MoN, Ti, TiN, Ta

ITO Film

ITO: Poly ITO, Amorphous ITO
IDIXO(IZO)

[그림 5.9] 스퍼터링 금속막의 응용

5.4.2 이베포레이션 금속막(Al) 증착실습

실습은 이베포레이션 장비를 사용한 Al막증착 방법에 대해 실습한다. 이베포레이션 실습 시에는 고전류발생장치, 고진공 Pump 등 유틸리티 장비를 가동 후 진행하고, 특히, System Controller Interlock 등 안전에 유의하여 실습한다.

① 이베포레이션 장비에서 공정을 진행하기 위해, 진공 Pump, 제어장치 등 장비를 가동한다.

② 안정적인 공정진행과 안전을 위한 DC Power 공급 장치와 고진공 터보분자펌프(TMP) 등 유틸리티 장비를 가동하여, 공정진행을 위한 준비 작업을 한다.

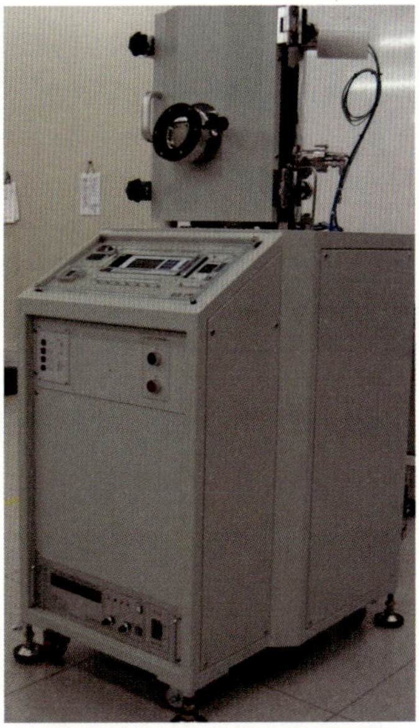

[그림 5.10] 교육용 열증발 이베포레이션 장비

(2) 3~7단계는 장비를 사용하여, 금속막 증착공정을 위한 단계이다.

③ 공정 Chamber를 배기시킨 후, 실리콘 웨이퍼를 넣고 텅스텐 Boat를 고정한 후, 증착하고자 하는 금속막 재료(Al)를 공급한다.

④ Chamber Door를 닫고 저진공에서 고진공까지 순차적으로 진공펌프와 밸브를 5.0E-6 Torr에 도달할 때까지 동작시킨다.

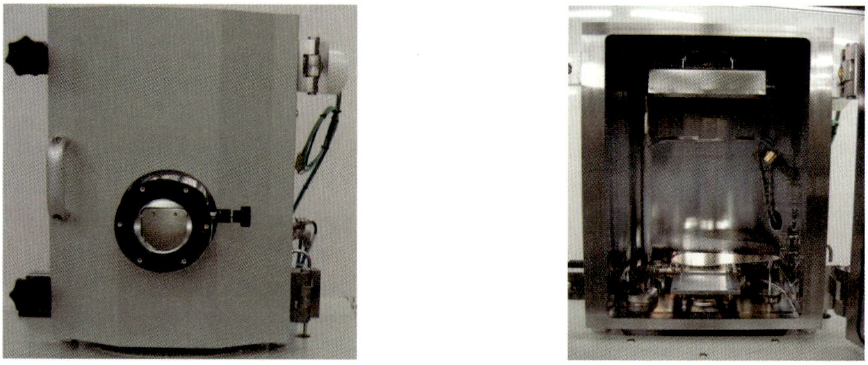

[그림 5.11] 이베포레이션 Chamber

⑤ DC Power 공급장치를 통해 Chamber 내부에 100A정도의 전류를 인가하여, Boat를 가열한다.

[그림 5.12] DC Power 공급장치

⑥ 공정 Chamber 내에서 웨이퍼 위에 원하는 막의 두께로 증착될 수 있도록 전류량, 온도, 시간 등 Control Panel을 확인하면서 공정을 진행한다.

⑦ Al(2,000 Å)막을 증착한다. 증착을 위한 공정조건은 다음과 같다.

- 증착시간 6분, Chamber압력 5.0E-6Torr, 100A, 0.5V

(3) 8~10단계는 공정 후 웨이퍼를 Unloading하고 장비 정리를 위한 단계이다.

⑧ 안전을 위해 DC Power 공급장치 전원을 차단한 후, Chamber 단계별 밸브도 안전하게 차단하고, Chamber에 N_2를 공급하여 압력이 대기압상태 760Torr에 도달할 때까지 진공을 배기시킨다.

⑨ Chamber Door를 Open하여 웨이퍼를 Unloading 후, 박막 두께 측정 장비를 이용하여 증착한 막의 두께(Thickness), 균일도(Uniformity) 등을 측정한다.

⑩ 모든 공정이 완료된 후, Chamber Door를 닫고 안전을 위해 장비 전원을 차단한 후, 장비상태를 확인한다.

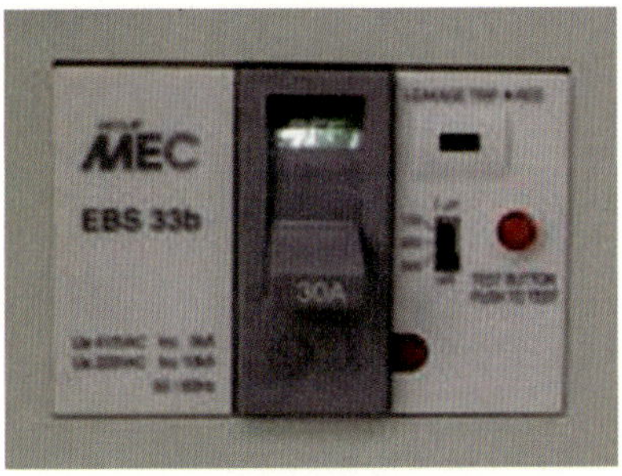

Frame 뒷면의 MAIN 차단기

ON/OFF S/W

[그림 5.13] System Power

[그림 5.14] 4인치 Al 증착 웨이퍼

5.5 실습 결과 분석 및 토의

1. 스퍼터링 장비로 1,000Å Ti, TiN막을 증착하시오.

측정 부위	측정 두께[Å]		
center		Average	
right		Maximum	
left		Minimum	
top		Range	
bottom		Uniformity	

2. 이베포레이션 장비로 2,000Å Al막을 증착시키시오.

측정 부위	측정 두께[Å]		
center		Average	
right		Maximum	
left		Minimum	
top		Range	
bottom		Uniformity	

3. 스퍼터링과 이베포레이션의 동작원리 및 장치 그리고 장·단점을 비교하고 설명하시오.

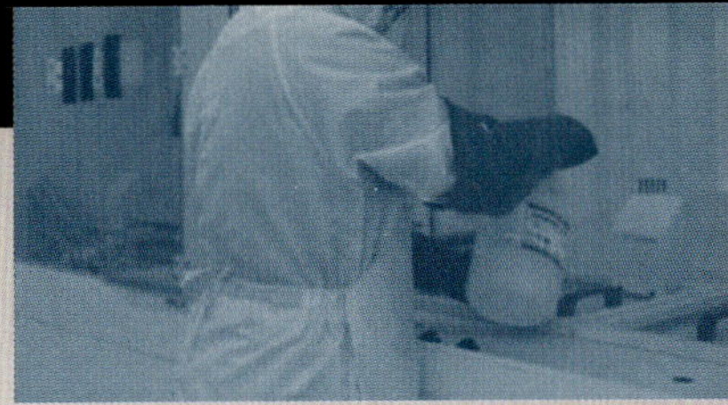

06

사진공정실습 (Photolithography)

6.1 실습 목적

① 포토리소그래피 공정에 사용되는 Photoresist의 특성 및 Aligner 사용방법을 익히게 한다.

② 설계된 소자 패턴을 구현하기 위한 각 단계별 Photo 공정을 실습한다.

③ 사진 현상 후 불필요한 산화막 제거 방법을 익히게 한다.

④ Photoresist 제거 방법을 익히게 한다.

6.2 이론적인 배경

포토리소그래피 공정은 마스크상에 설계된 소자의 패턴(Pattern)을 공정제어 규격하에 웨이퍼 상에 구현하는 것을 말한다. 이를 위하여 패턴이 형성되어 있는 마스크를 통하여 특정한 파장을 갖고 있는 빛을 광 감응제가 도포되어 있는 웨이퍼 상에 노광시켜 광화학 반응이 일어나서 현상 공정 시 화학반응에 의하여 패턴형성이 된다. 형성된 패턴의 감광막은 후속공정인 식각 또는 이온주입 시 마스킹 역할을 하게 되며 최종적으로 전용 스트리퍼(stripper) 또는 화학적 및 식각용 O_2 플라즈마에 의하여 제거된다.

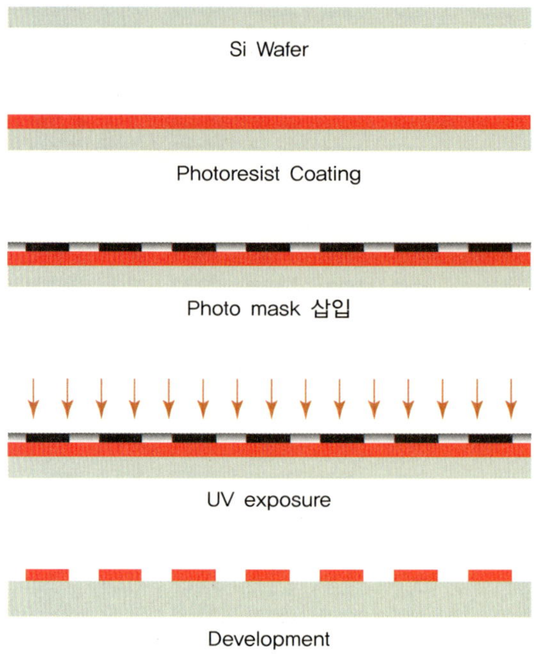

[그림 6.1] 포토리소그래피 공정의 개요

6.2.1 감광제(Photo Resist)의 구성

① 용제(Solvent)는 감광제가 기판에 도포되어 사용될 때까지 액체 상태로 유지하여 웨이퍼나 기판 위에 도포 시 점도를 갖게 한다.

② 다중체(Polymer)는 Resin이라고도 불리며 결합체로 사용되어 막의 기계적 성질(두께, 유동성, 접착도, 열에 의한 흐름)을 결정한다.

③ 감응제(PAC)는 빛을 받아 광화학 반응을 일으켜서 패턴 형성에 기여하는 물질이다.

6.2.2 양성 및 음성 감광제의 비교

반도체 공정에서 접촉 프린트 방법을 써서 2um이상의 크기를 정의하는 경우에 주로 음성 감광막을 사용하여 왔다. 그러나 선폭이 좁아짐에 따라 양성 감광막의 사용이 점점 증가하고 있으며, 많은 회사들이 이와 관련된 문제점을 해결하기 위해서 노력하고 있다. 사실상 1980년대에 들어오면서 특별한 경우를 제외하고 대부분 양성 감광막을 사용하고 있다.

〈표 6.1〉 양성(Positive) 감광제와 음성(Negative) 감광제 특성 비교

	양성 감광제	음성 감광제
산화막 표면과의 접착도	음성 감광제보다 접착도가 낮다.	양성 감광제보다 접착도가 높다.
분해능	1um의 분해능을 가진다.	2um 이하의 선폭 구현이 어렵다.
막의 두께	20,000Å 두께의 막을 사용해도 좋은 상을 얻을 수 있다.	4,000~17,000Å로 두께가 제한되며, 이는 막이 얇을수록 감광막이 정의되는 크기가 작아질 수 있기 때문이다.
산소와의 반응	산소와 반응하지 않는다.	산소와의 반응을 막기 위해 질소 기체가 있는 분위기에서 노출되어야 한다.
노출의 관용도 (latitude)	노출시간에 아주 민감, 과다 노출 시 마스크보다 훨씬 많은 언더컷(undercut)이 발생. 최소 노출 시 현상이 완전히 되지 않는다.	감광막이 정의되는 크기가 노출 시간에 따라 천천히 변화된다.
현상의 관용도	과다현상이 조금만 있어도 마스크보다 언더컷이 크게 된다.	현상시간에 따라 많이 변화되지 않는다.

6.3 실습 준비물

- Aligner(UV, G-Line), Spin Coater 장비(PR Coating)
- Developer 현상액(MIF 300)
- Positive Photo Resister(GXR-601)
- Quartz Mask
- 산화막성장 4인치 웨이퍼

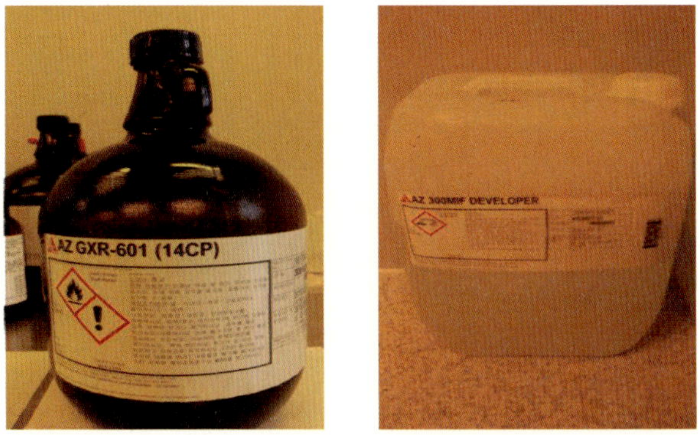

[그림 6.2] Photoresist(GXR-601) 및 Developer(MIF300)

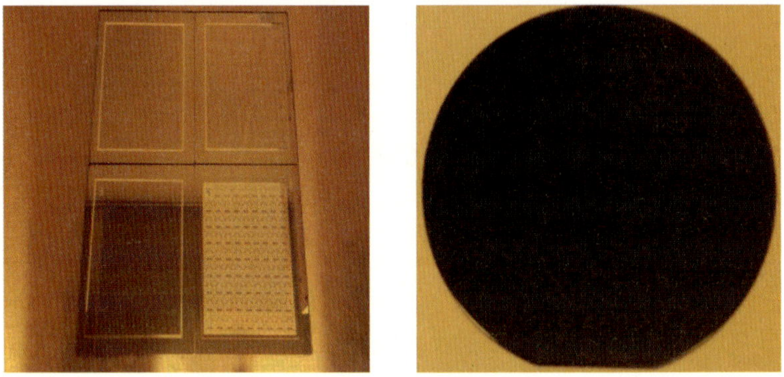

[그림 6.3] Quartz Mask 및 산화막성장 웨이퍼

6.4 실습 순서

실습은 Photo 공정장비를 사용한 회로패턴을 형성하기 위한 단계별 포토리소그래피 공정에 대해 실습한다. Photo공정 실습 시에는 감광액, 현상액 등 화학약품 안전에 유의하여 실습한다.

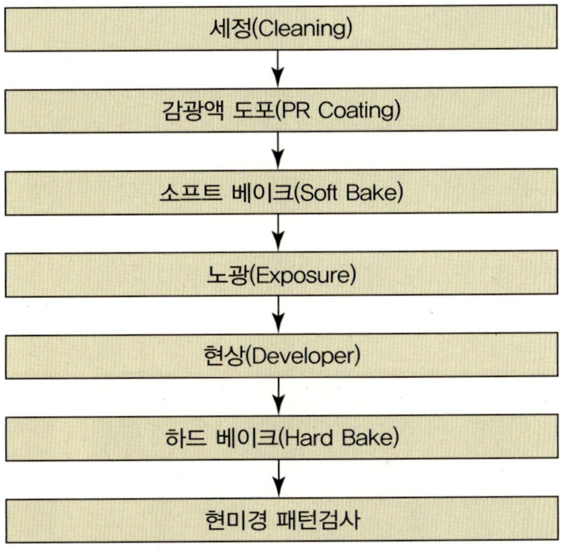

[그림 6.4] 포토리소그래피 공정 실습 흐름도

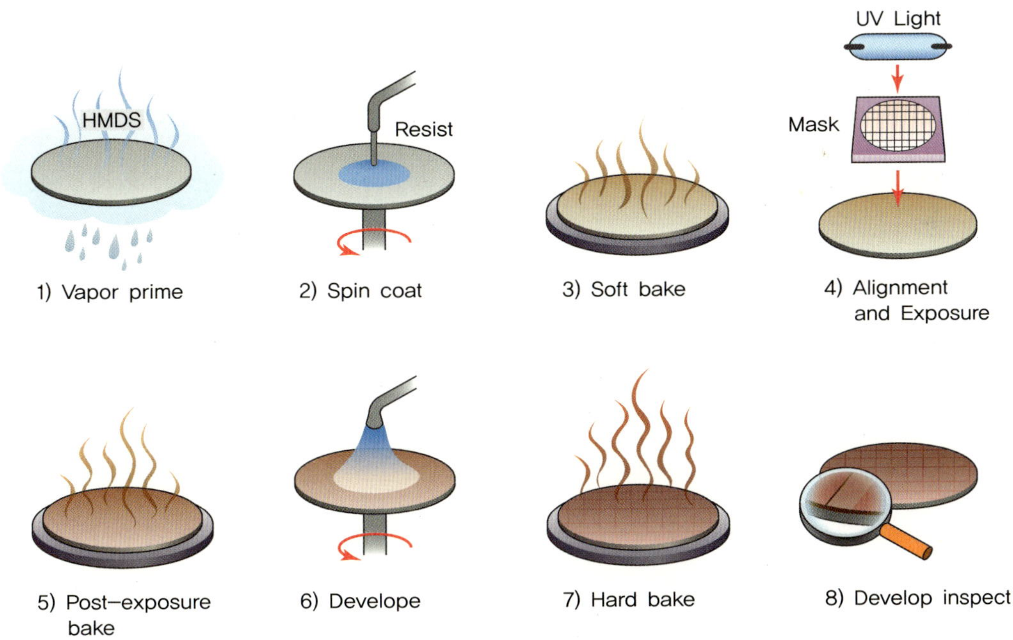

[그림 6.5] 포토리소그래피 공정의 8단계

6.4.1 세정(Cleaning) 실습

반도체 포토리소그래피 공정을 수행하기 위한 클린룸은 PR이 빛에 의해 고분자화 및 광분해가 발생되지 않도록 자외선(UV)이 차단된 공간에서 진행되어야 하며, 일반적으로 Yellow Room으로 설계되어 지고 Multi Function Meter를 이용하여 UV수치를 확인한다. 또한 공정 전후 불량 발생을 최소화하기 위해 세정공정을 필수적으로 실시하며, 보다 엄격히 클린룸 청정도 관리가 이루어져야 한다.

[그림 6.6] 포토리소그래피 공정 클린룸

① Spin-Coater 장비를 사용하여 웨이퍼의 Particle과 유기물을 제거하기 위해 아세톤(Acetone)을 도포하여 세정하고, 도포된 아세톤은 메탄올(Methanol)을 이용하여 제거한다.

② 장비 전원을 인가 후, 세정할 웨이퍼를 Spin-Coater에 Loading한다.

③ 장비 프로그램을 실행하고 Spin-Coater 장비를 사용하여, 아세톤을 도포하여 4,000rpm에서 45초 동안 Photo 공정 전 세정을 진행한다.

④ 장비 프로그램을 실행하고 Spin-Coater 장비를 사용하여, 아세톤을 제거하기 위해 메탄올을 도포하여 같은 방법으로 4,000rpm에서 45초 동안 공정 전 세정을 진행한다.

[그림 6.7] Spin-Coater 세정장치

6.4.2 Photo Resist(감광액) 도포 실습

PR(감광액) 도포의 목적은 표면에 적당한 두께의 PR을 입히는 것이다. 액체는 보통 담그거나 뿌리거나 굴려서 입히는 데 가장 적합한 방법으로 Spin-Coater를 이용한다.

PR은 빛이나 방사선, 열 등 여러 형태의 에너지에 노출되었을 때에 내부 구조가 바뀌는 특성을 가진 혼합물이다.

① Spin-Coater 장비를 사용하여, 세정작업 완료한 웨이퍼를 회전속도 3,500rpm의 속도로 30초 동안 가동하여, HMDS(Hexa Methyl Di Silazane)를 도포하고 3,500rpm의 속도로 30초 동안 PR을 도포하고 필요 공정에 맞게 PR 두께를 조절한다.

② PR은 GXR-601(양성 감광액)을 사용한다. 스포이드를 사용하여 3mL 정도 도포한다.

③ HMDS는 H4875를 사용하여, 웨이퍼 표면을 소수성(Hydrophobic)으로 바꿔주며, PR과 접착성을 향상시킨다. HMDS는 스포이드를 사용하여 1mL 정도 도포한다.

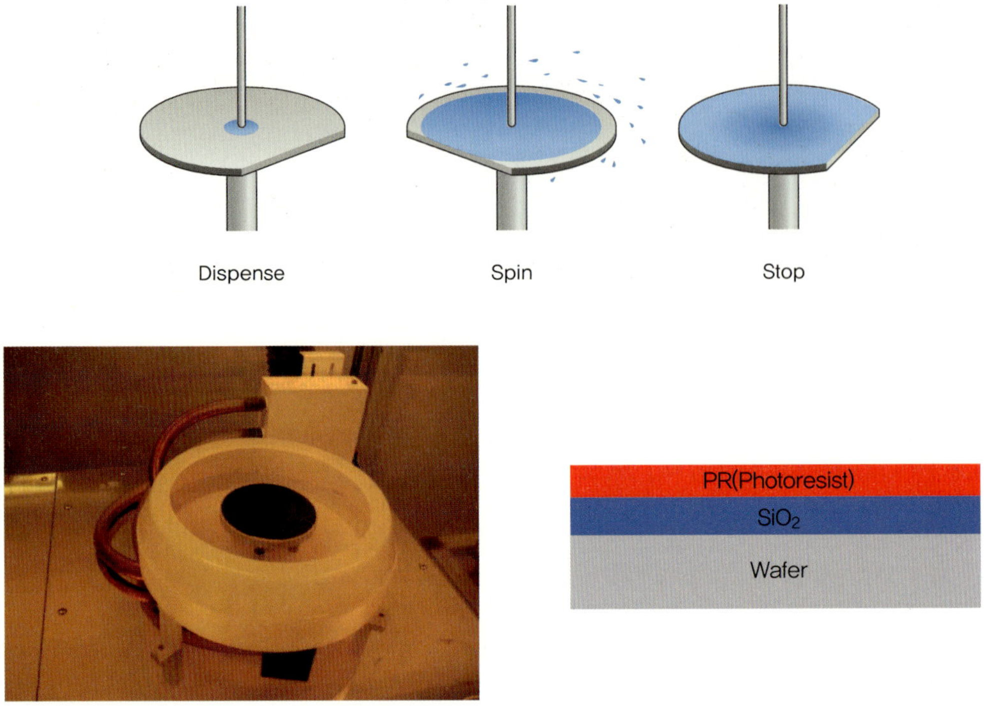

[그림 6.8] PR Spin-Coater 공정

6.4.3 소프트 베이크(Soft-Bake) 실습

소프트 베이크 공정은 PR의 용제(Solvent)를 증발시키는 열처리 공정이다. 용제가 PR에 남아 있으면 폴리머(Polymer)의 노광에 의한 화학 반응이 방해를 받고 웨이퍼 표면과의 접착성이 떨어지기 때문에 용제를 소프트 베이크 공정으로 증발시킨다.

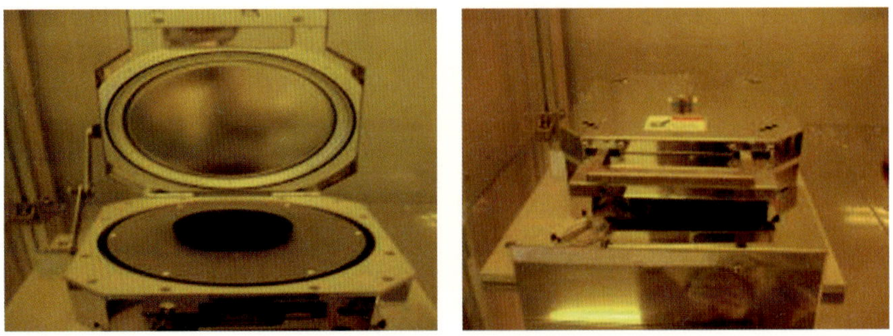

[그림 6.9] 소프트 베이크 장치

① PR 도포가 완료된 웨이퍼를 소프트 베이크 장치에 Loading시킨다.

② 공정에 맞게 온도(℃)와 시간(90초)을 설정한 후, 소프트 베이크 공정을 진행한다.

6.4.4 정렬과 노광(Alignment & Exposure)

정렬과 노광은 두 가지 목적의 공정이다. 한 가지 목적은 마스크에 웨이퍼를 정확히 정렬시키는 것이고, 또 다른 목적은 정렬 후에 마스크를 통해 PR 막에 적절한 노광을 하여 선택적으로 고분자화하기 위한 것이다. 이 두 공정의 결과로 마스크의 패턴이 PR 위에 옮겨진다.

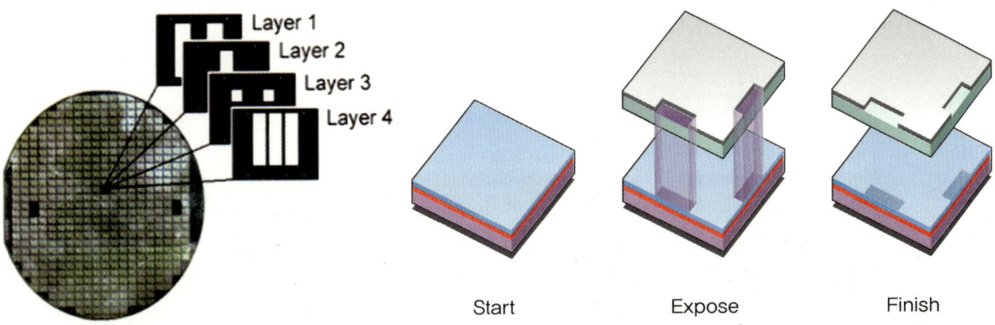

[그림 6.10] Exposure & Mask Alignment

[그림 6.11] Exposure & Mask Alignment System(MIDAS社)

① 장비를 구동하기 위한 장비전원 및 유틸리티(UV Lamp 안정화, 압축공기, N_2 등) 상태를 확인한다.

② 마스크(Mask) 홀더에 노광 마스크를 장착하고, 진공으로 고정한다.

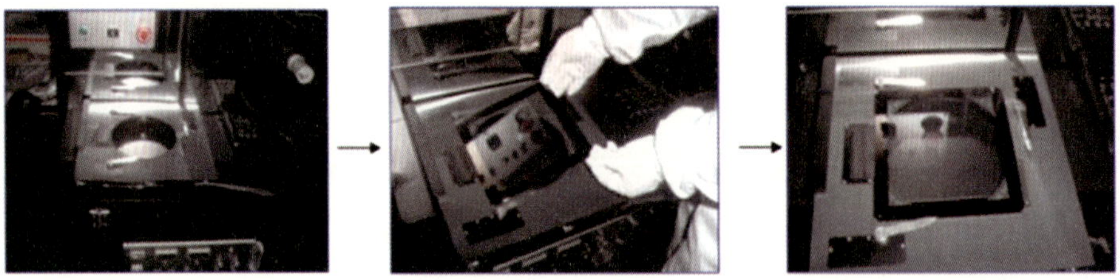

[그림 6.12] Mask 장착

※ 참고: 수은램프의 점등은 수은에 에너지를 가하여 기화한 후 고전압을 가하여 수은기체가 절연 파괴되며 방전하는 원리를 이용한 것으로 수은이 액체→기체가 되는 시간 반대로 소등 시 기체→액체가 되는 시간이 걸리므로 점등 혹은 소등 후 재점등 시간이 오래 걸린다.

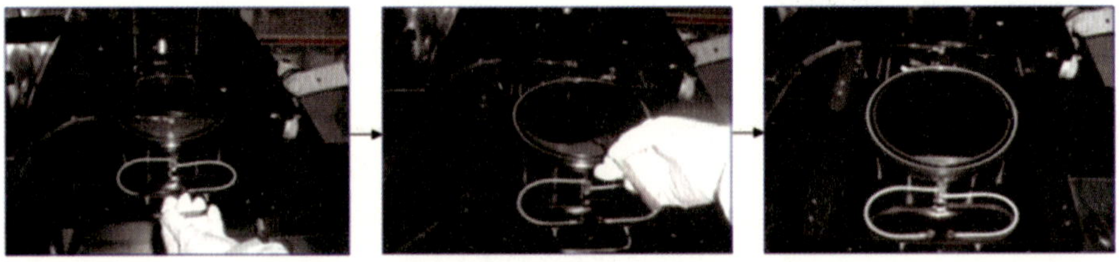

[그림 6.13] 웨이퍼 장착

③ Chuck에 웨이퍼를 Loading하고 진공으로 고정시킨다.

[그림 6.14] 웨이퍼 Align

④ Operation 화면에서 각종 설정을 마치고 모니터를 보면서 현미경를 조작하여 상을 찾고 Stage 이동용 마이크로미터를 이용하여 Stage를 이동시켜 Align을 한다.

⑤ Align이 끝났으면 "Contact"을 클릭하고 Operation 화면의 "Exposure"를 클릭하여 노광을 한 후, 동트레이를 열어 노광된 웨이퍼를 꺼낸다.

[그림 6.15] 웨이퍼 Unloading

⑥ 공정 후 UV Lamp를 소등하고 Lamp 보호를 위해 충분히 냉각시킨 후, Lamp 전원장치 및 장비 전원을 OFF시킨다.

※ 경고: LAMP가 점등되어 있는 상태에서 POWER SUPPLY의 전원을 바로 OFF시키면 절대 안 된다.

- **Align Contact Mode 설명**

(1) Stage를 상승시켜 Mask와 웨이퍼를 Contact하는 방식으로 'Soft Contact'라 함

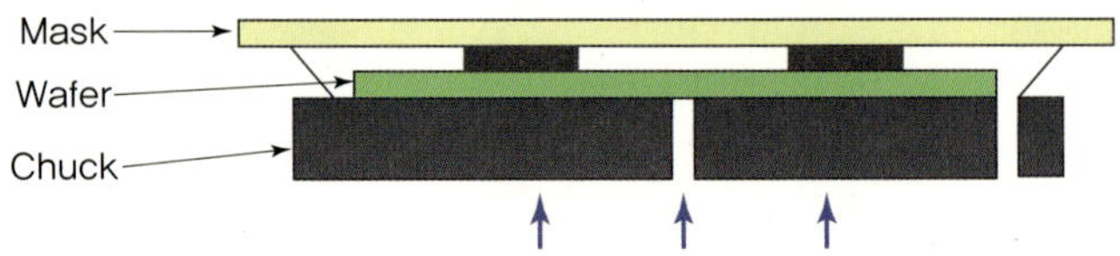

(2) 웨이퍼와 Mask사이를 Pump로 빨아내어 진공화시켜 밀착도를 상승시키는 Contact 방식으로 'Vacuum Contact'라 함

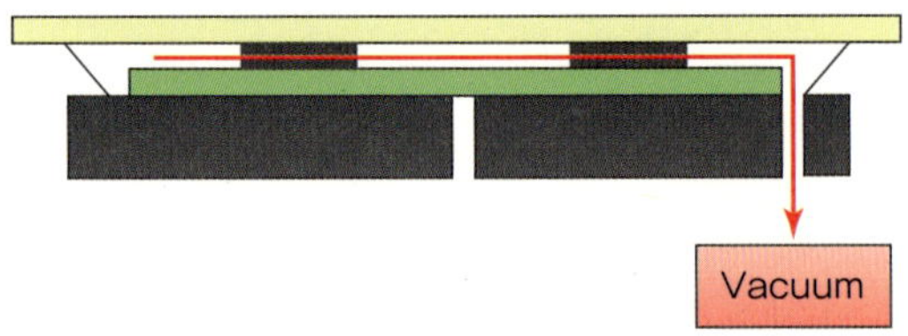

(3) 웨이퍼를 N2로 밀어올려 밀착도를 상승시키는 Contact 방식으로 'Hard Contact'라 함

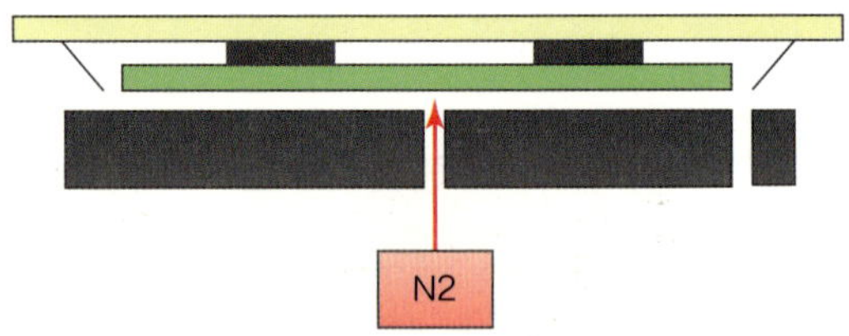

(4) Mask의 오염을 방지하거나 다른 특수목적을 위하여 일부러 Mask와 웨이퍼 사이를 떨어뜨려 노광하는 방식으로 'Proximity'라 함

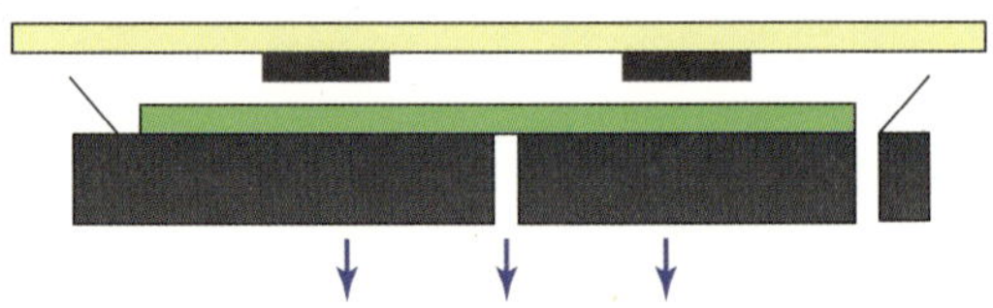

[그림 6.16] Aligner Contact Mode

6.4.5 현상(Development)

정렬 및 노광 후에 마스크에 있던 패턴에 의해 PR층은 고분자화된 부분과 안 된 부분으로 구분되어 PR층에 옮겨지게 된다. 현상(Development) 단계는 PR 중 고분자화가 안 된 부분을 제거하는 것이다. 음성(Negative)과 양성(Positive) PR 현상액은 다

르다. 정렬 및 노출 후에 음성 PR은 노광된 부분이 다중체로 바뀐다. 현상액은 고분자화된 부분을 용해하지 못하지만, 나머지 부분은 용해시킨다. 양성 PR은 이와 반대이다. 경우에 따라서는 현상 전에 PR의 유동점 이하 온도의 Hot Plate에서 Post Bake를 30초 동안 실시한다. 이러한 Post Bake의 목적은 잔류 휘발분을 제거하고 밀착력을 더 견고하게 하며 측면과 표면을 균일하게 하기 위한 것이다. 현상방법은 침적(immersion)과 분사(spray)법이 있다. 침적의 경우에는 현상액 용기와 세척액 용기를 나란히 설치하고 현상액에 웨이퍼를 담근 후, 세척액에 담갔다가 건조시키면 된다. 분사법의 경우에는 PR을 도포할 때처럼 설치하고 PR 대신 현상액과 세척액을 웨이퍼에 분사시킨다.

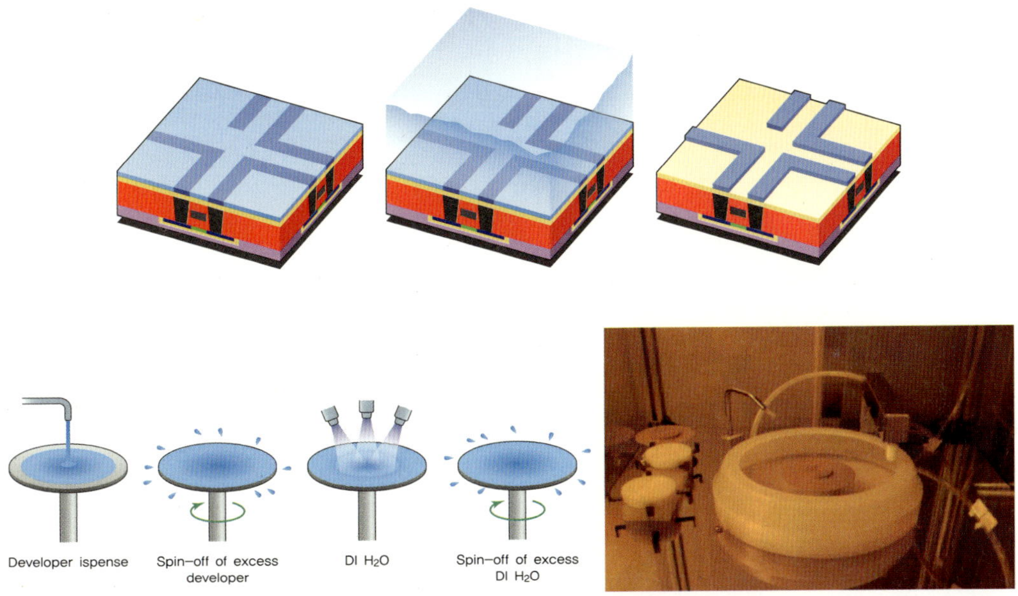

[그림 6.17] Developer

① MIF300 현상 용액을 Developer 분사 장치에 주입한 후, 노광이 완료된 웨이퍼를 Loading한다.

② Developer를 사용하여 시각적으로 보면서 현상을 하고 최종적으로는 건조 후, 현미경으로 현상된 상태를 확인한다.

6.4.6 하드베이크(Hard-Bake)

하드베이크 단계는 PR 중의 잔류 용제를 증발시켜 막의 밀착력을 향상시키고 경도를 높여 식각 용액에 대한 내구성을 높이기 위한 공정이다.

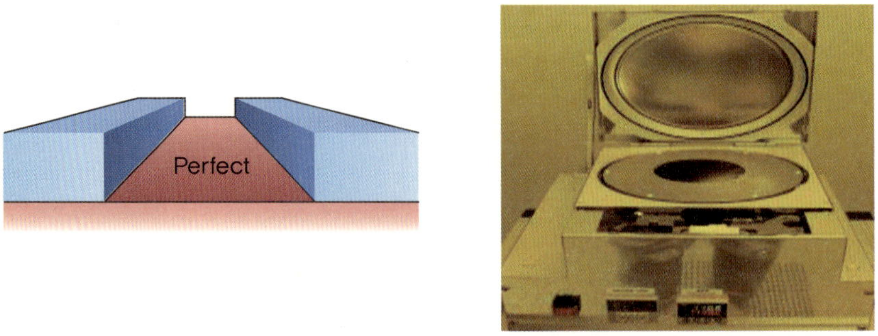

[그림 6.18] 하드베이크 장치

① 현상이 끝난 후 건조한 웨이퍼를 하드베이크 장치에 Loading한다.

② 공정에 맞는 온도(110℃)와 시간(5분)을 설정한 후, 하드베이크 장치 작업을 진행한다.

③ 5분이 경과 후, 하드베이크 장치에서 웨이퍼를 Unloading한다.

Bare 웨이퍼 및 Oxidation 웨이퍼　　　노광 · 현상 웨이퍼 및 PR Strip 웨이퍼

[그림 6.19] 포토리소그래피 웨이퍼

6.4.7 웨이퍼 측정(Wafer Measurement)

웨이퍼 측정 단계는 패턴이 형성된 결과를 공초점 3D Laser 현미경 장비를 사용하여 높은 해상도로 3D 형상을 측정하고 평가하는 공정이다.

① 포토리소그래피 공정이 완료된 웨이퍼를 BOE 용액을 사용하여 Wet-Station 장비에서 식각한다.

② 식각이 완료되면 아세톤 용액을 사용하여 Wet-Station 장비에서 웨이퍼에 남아 있는 PR을 제거하고 초순수를 사용하여 린스한 후, N_2 Blower를 사용하여 건조한다.

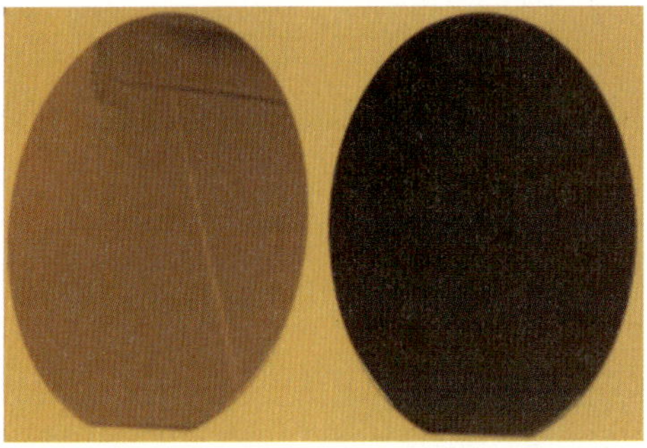

Bare 웨이퍼 및 Oxidation 웨이퍼

노광 · 현상 웨이퍼 및 PR Strip 웨이퍼

[그림 6.20] 포토리소그래피 웨이퍼

③ 건조된 웨이퍼를 공초점 3D Laser 현미경을 사용하여 패턴을 측정한다.

Bare 웨이퍼 및 Oxidation 웨이퍼

노광 · 현상 웨이퍼 및 PR Strip 웨이퍼

[그림 6.21] 포토리소그래피 웨이퍼

④ 포토리스그래피 공정을 반복하여, 노광시간에 따른 실습을 통해 현상 후, CD(Critical Dimension)의 폭 변화를 측정한다.

⑤ PR도포 속도에 실습을 통해 따른 건조된 웨이퍼를 공초점 3D Laser 현미경 장비를 사용하여 패턴을 측정한다.

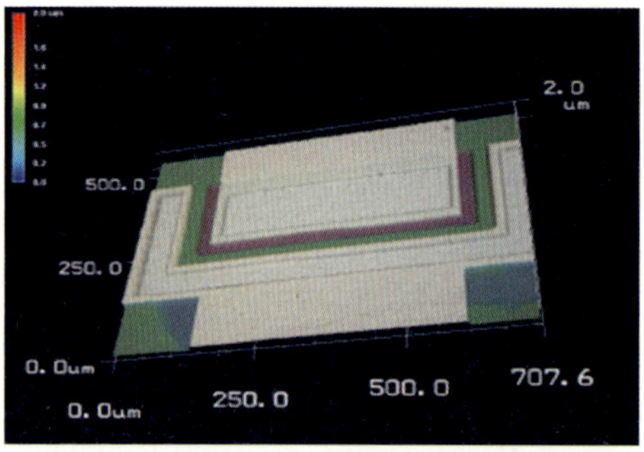

Bare 웨이퍼 및 Oxidation 웨이퍼

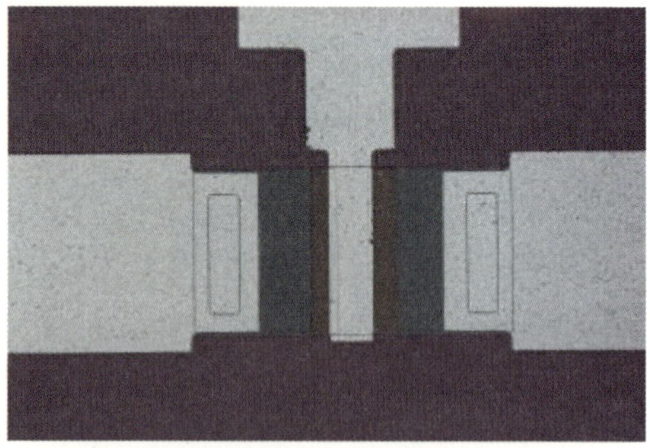

노광 · 현상 웨이퍼 및 PR Strip 웨이퍼

[그림 6.22] Diode 및 N-MOSFET 3D 현미경 이미지

⑤ 분석 프로그램을 이용하여 측정 패턴의 선폭 및 Gate, Contact Hole Size 등을 측정한다.

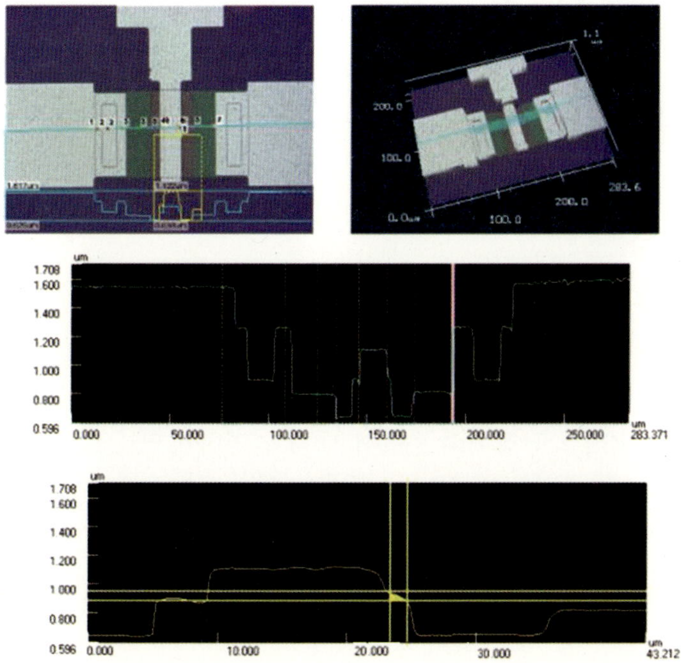

Profile1	Horz. dist.	Hght. dift.	Angle
All	283.371um	0.066um	0.013°
Seg. 1	9.565um	0.284um	1.702°
Seg. 2	9.167um	0.358um	2.235°
Seg. 3	16.341um	0.470um	1.649°
Seg. 4	20.326um	0.464um	1.308°
Seg. 5	39.457um	0.163um	0.237°
Seg. 6	14.056um	0.204um	0.833°
Seg. 7	1.255um	0.455um	19.923°

Profile2	Horz. dist.	Hght. dift.	Angle
All	43.212um	0.177um	0.235°
Seg. 1	1.340um	0.066um	2.832°
Seg. 2			
Seg. 3			
Seg. 4			

[그림 6.23] N-MOSFET 3D 현미경 측정 이미지

6.5 실습 결과 분석 및 토의

1. SiO_2 4인치 웨이퍼에 Aligner 장비를 이용하여 Source, Drain 패턴을 형성하고 현상하시오.

2. 노광(Exposure) 방법 및 노광장비의 종류에 대해 설명하시오.

3. PR 도포 Spin-Coater의 속도(RPM)에 따른 PR 두께를 소프트 베이크 후 측정하시오.

측정 부위	3,000RPM	3,500RPM	4,000RPM
center [Å]			
right [Å]			
left [Å]			
top [Å]			
bottom [Å]			

4. 노광시간에 따른 N-MOSFET 소자의 CD 폭 변화를 측정하시오.

CD 폭	2.0 Sec	2.5 Sec	3.0 Sec
Gate			
Source			
Drain			
Contact Hole			

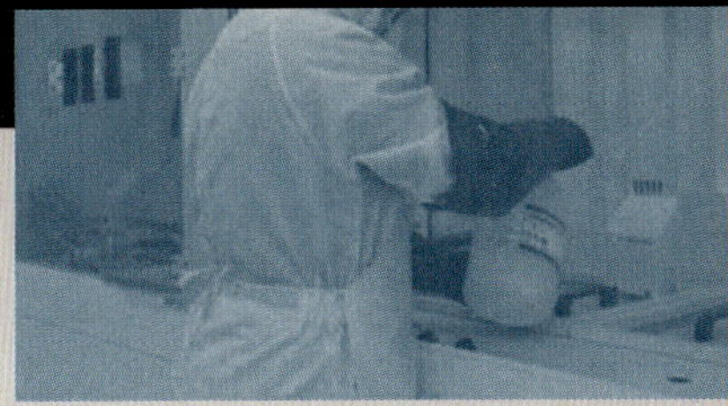

07

식각 공정실습
(Etch)

7.1 실습 목적

① 웨이퍼 표면의 각종 막 제거를 위한 식각 방법을 학습한다.

② 공정 장비를 사용하여, 건식, 습식식각 공정을 실습한다.

7.2 이론적인 배경

본 장에서는 반도체 식각공정의 방법을 학습하고 장비를 사용하여 직접 웨이퍼에 각종 막을 식각시켜 본다. 식각이란 감광막 현상공정이 끝난 후 감광막 밑에 성장 혹은 증착시킨 박막 그리고 금속막을 공정목적에 따라 선택적으로 제거하는 공정이다. 이 감광막에 의해 덮여져 있는 부분은 식각공정 중 보호를 받아 남아 있게 되며 노출된 박막은 식각되어 없어지게 된다.

또한, 식각은 건식식각(Dry Etch 또는 Plasma Etch)과 습식식각(Wet Etch 또는 Chemical Etch)으로 구분할 수 있으며 감광막 제거 공정도 포함된다.

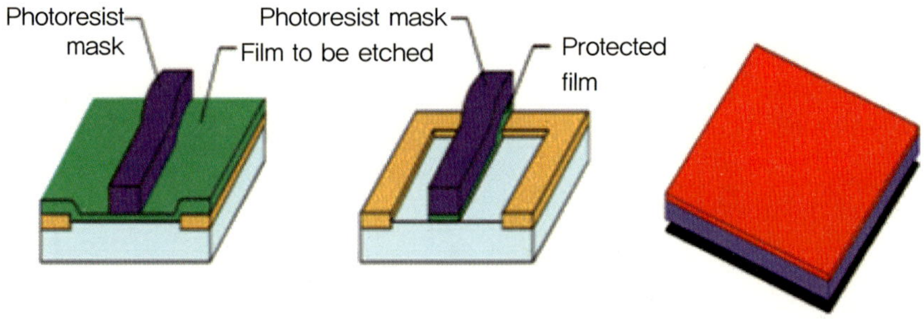

[그림 7.1] 식각공정 Substrate

7.2.1 건식식각

특정한 반응 가스를 두 전극사이에 유입하여 강한 전장을 형성시키면 전기적인 충격에 의하여 가스가 이온화(ionization)된 가스의 반응성을 이용하여 식각한다. 이방성(anisotropic) 식각으로 인한 높은 정밀도를 갖는다.

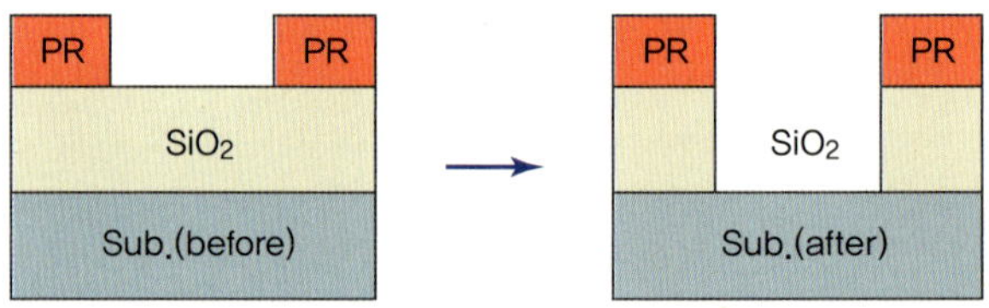

[그림 7.2] 이방성 건식식각

$$CF_4 + e \rightarrow CF_3 + F + e$$

이와 같이 발생된 식각종(Etching species)은 다음 식과 같이 식각할 박막의 원자들과 반응하여 휘발성 화합물을 생성하면서 식각이 진행된다.

$$Si + 4F \rightarrow SiF_4 \uparrow \text{ (휘발성 화합물 생성)}$$

이때 생성된 휘발성 화합물은 진공펌프에 의해 밖으로 배출되면서 쉽게 제거할 수 있다. 앞에서 언급한 것과 같이 습식식각에서는 등방성 식각이 이루어지는 반면 건식식각에 있어서는 등방성 및 비등성 식각(anisotropic etching)의 조절이 가능하다. 식각되는 형태의 조절은 전자의 세기와 식각종의 기능을 강화시켜 효율적으로 응용함으로서 얻을 수 있다.

7.2.2 습식식각

습식식각이란 식각하고자 하는 박막과 화학적으로 반응하여 용해시킬 수 있는 화학 용액을 사용하여 식각하는 방법을 사용하여 식각하는 방법을 말하며, 박막의 종류와 특성에 따라 사용하는 화학용액이나 조성비가 각기 다르게 된다.

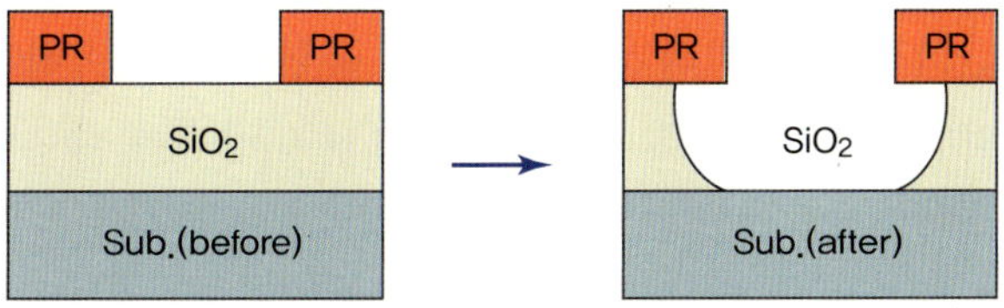

[그림 7.3] 이방성 건식식각

산화막의 습식식각 원리를 설명하면 다음과 같다. 산화막은 크게 성장 산화막과 증착 산화막으로 나눌 수 있으며 방법이나 분위기에 따라 더욱 세분화되기도 한다. 그러나 어느 종류의 산화막이든 그 식각되는 원리는 동일하다. 즉, 산화막이 불산(HF)에 용해되는 성질을 이용한 것으로 고온에서 성장시킨 산화막을 예로서 설명하자.

$$HF \rightarrow H+ + F$$

불산이 해리되어 수소이온과 불소이온으로 분리되며, 이렇게 분리된 불소이온이 산화막과 반응하여 식각이 이루어지게 된다. 이 반응식은 다음과 같다.

$$SiO_2 + 4HF \rightarrow SiF + 2H_2O$$

그러나 위의 두 식에서 알 수 있듯이 식각이 계속 진행됨에 따라 불소이온은 소모가 되며 용액 자체가 탈이온수(DI Water)에 의해 희석되면서 용액내의 수소이온 농도는 증가하게 된다. 이러한 결과로 산화막의 식각속도(etch rate)는 식각공정을 수행할 때마다 변화하게 된다. 이는 공정상 매우 불안정한 상태이므로 재현성 있는 균일한 결과를 얻고자 하는 공정목적에 장애가 된다. 이와 같은 문제 즉, 수소이온 농도나 식각속도의 변화를 제거하여 재현성 있는 결과를 얻기 위해서는 새로운 용액이 첨가되는데 이 경우에는 불화암모니움(NH_4F, ammonium fluoride)를 첨가함으로써 안정화

시킬 수 있다. 불화암모니움은 다음 식과 같이 암모니움 이온과 불소이온으로 해리(dissociation)되며, 이때의 불소이온이 식각반응에 참여하게 되는 것이다.

$$NH_4F \rightarrow NH_4 + F$$

다시 말하면 식각반응에 소모되어 없어지는 불소이온을 충당하는 역할을 하며, 용액 내의 수소이온 농도를 일정하게 유지하여 줌으로써 식각속도를 균일하게 유지할 수 있도록 한다.

다결정 실리콘이나 금속층에서의 식각원리는 산화제를 사용하여 이들 박막을 산화시킨 후 산화되면 산화막으로 변하게 되며 이를 불산으로 식각하게 된다. 이때 요오드(I2)를 산화반응의 촉매로 이용하기 위하여 초산에 용해시켜 사용하기도 한다. 또한 주로 사용되는 알루미늄을 산화시키면 산화 알루미늄(Al_2O_3)이 되고 인산(H_3PO_4)에 용해되기 때문에 식각이 진행된다. 이들 두 박막의 식각용액에 초산이나 물이 첨가되는데 이것이 수소 이온농도를 조절하는 완충 역할을 하거나 단순히 희석제로 쓰인다.

그러나 습식식각에서는 등방성 식각(isotropic etching)이 이루어지게 되는데 그 이유는 화학반응이 수직으로 일어날 뿐 아니라 수평으로 반응되기 때문이다. 이러한 결과로 감광막에 의해 보호되어야 할 박막의 끝부분이 원형으로 식각되어 없어지는 언더컷(undercut) 현상이 항상 일어난다. 이것이 습식식각의 가장 큰 단점으로 회로의 선폭이 좁은 직접회로 소자 제조공정에 이용하기 어렵다는 제약을 받는다. 이러한 이유에서 건식식각이 응용되고 있다.

7.3 실습 준비물

- SiO_2 4인치 웨이퍼(100mm)
- Dry Etcher 장비
- Wet-Station 장비
- 초순수(DI Water), 질소(N_2)
- 웨이퍼 Tweezer
- 보호용 테프론 장갑 및 앞치마
- 보안경, 마스크

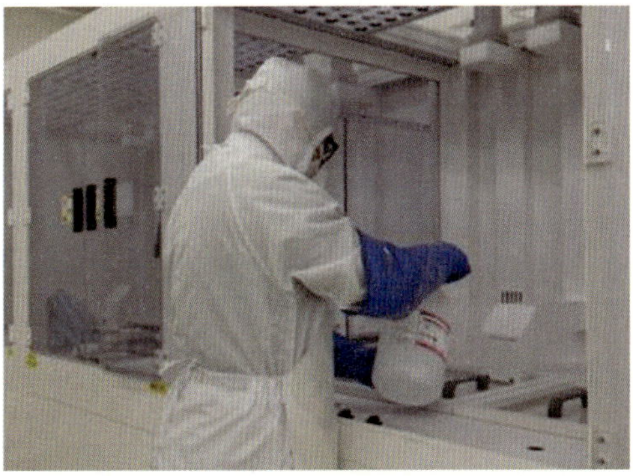
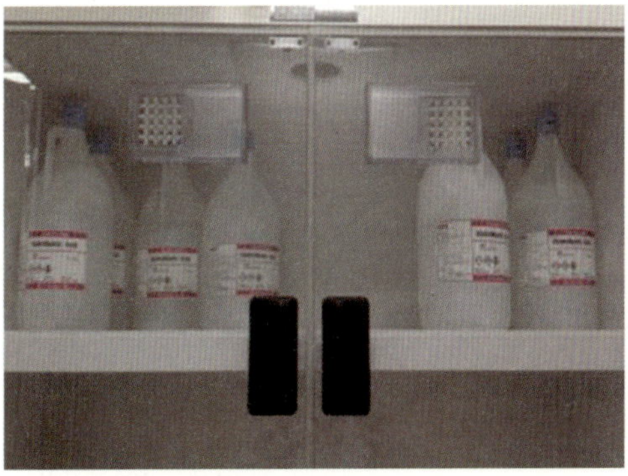

[그림 7.4] Wet-Station 장비 및 화학용액

7.4 실습 순서

실습은 플라즈마를 이용한 Dry Etcher 장비를 사용한 건식식각과 Chemical을 이용한 Wet-Station 장비를 사용한 실습한다. 습식식각 공정 실습 시에는 보안경, 내산장갑 등 안전장비를 착용 후 진행하고, 건식식각 실습 시에는 다양한 반응성 Gas를 사용함으로 Gas 안전에 유의하여 실습한다.

7.4.1 건식식각 실습

(1) 1~2단계는 Dry Etcher 장비를 가동하기 위한 공정이다.

① Dry Etcher에서 공정을 진행하기 위해, 장비전원을 인가하고 진공 장치(R/V, TMP Pump) 등 장비 가동을 위한 작업을 한다.

② 안정적인 공정 진행과 안전을 위한 Gas 공급장치와 RF 플라즈마 발생장치 등 유틸리티 장비를 가동하여, 공정 진행을 위한 준비 작업을 한다.

③ 대기압 상태에서 웨이퍼를 Chamber에 Loading한 후 Ratary Pump, TMP를 가동하여 Main Chamber의 압력이 5x10E-5 Torr 정도까지 고진공 상태로 유지한다.

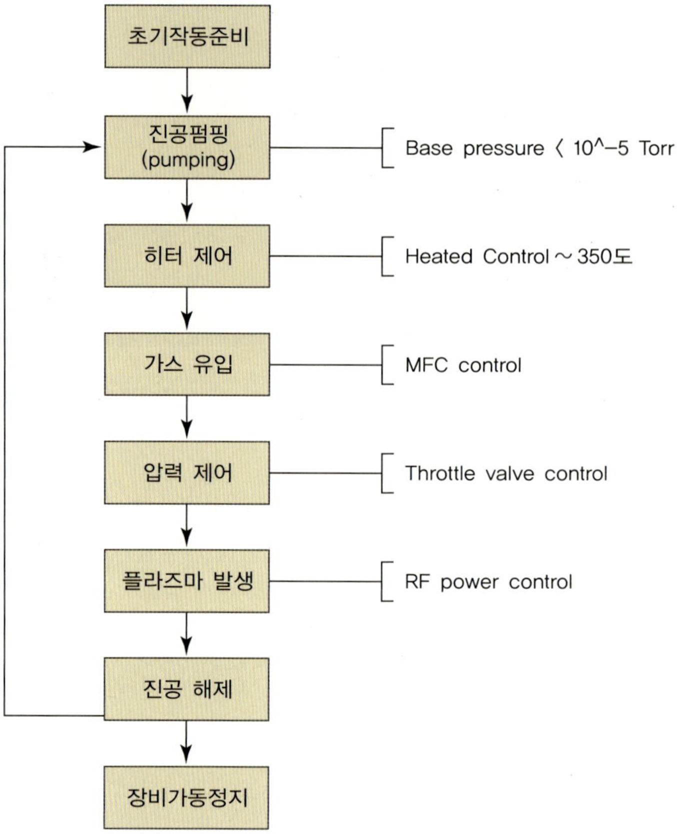

[그림 7.5] Dry Etching 공정 실습 흐름도

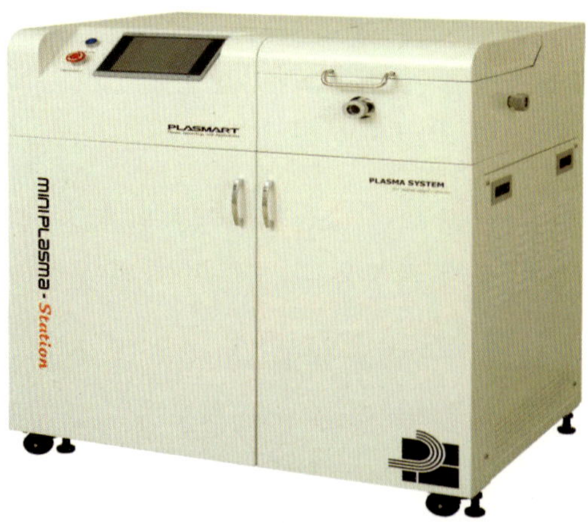

[그림 7.6] Dry Etcher(PLASMART社 UM-1000)

(2) 3~4단계는 장비를 사용하여, 건식식각 증착공정을 위한 단계이다.

③ CF_4 Gas를 30sccm으로 설정하고, RF 1(200W, 150초), RF 2(50W, 150초) 발생장치의 출력을 설정한다.

④ Chamber에 플라즈마를 발생시키고, CF_4 Gas를 공급하여, 건식식각 공정을 진행한다.

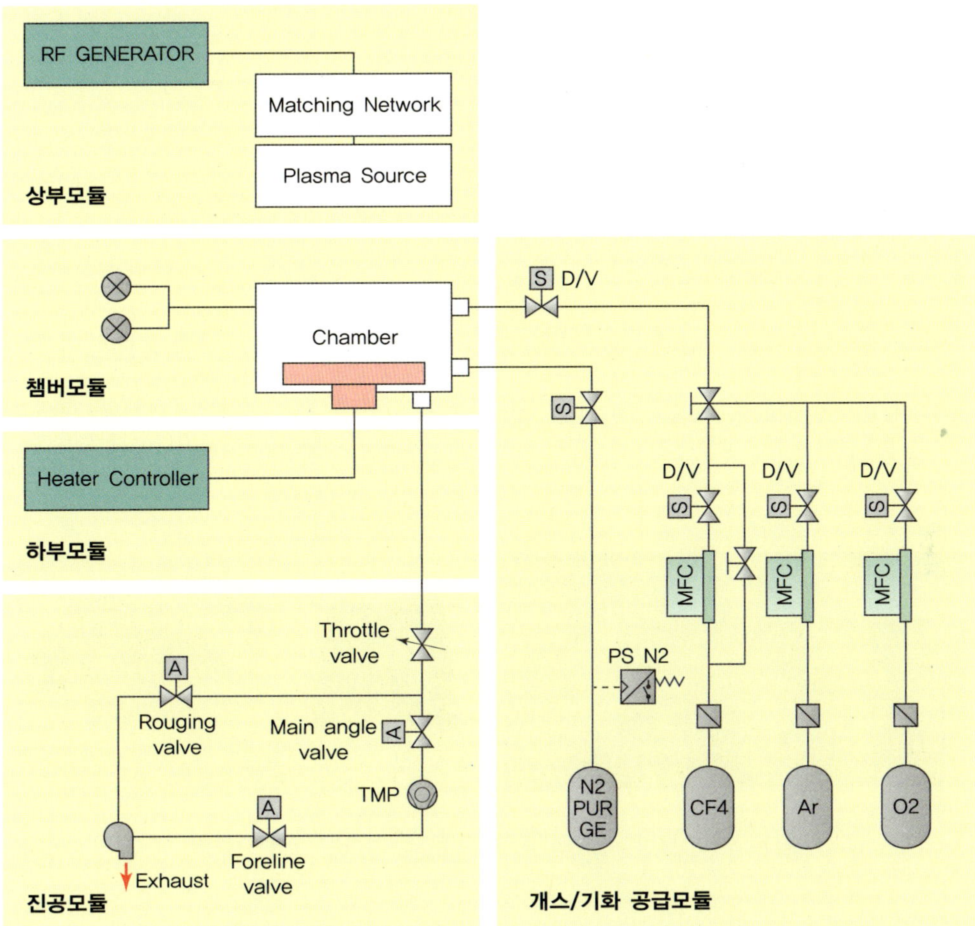

[그림 7.7] Dry Etcher 구성(PLASMART社 UM-100)

(3) 5~6단계는 공정 후 웨이퍼를 Unloading하고 장비 정리를 위한 단계이다.

⑤ 공정 Chamber에서 공정 진행 완료 후 RF 발생장치 및 Gas 공급장치 가동을 중지시킨다.

⑥ 공정 Chamber에서 웨이퍼 Unloading을 위해 Chamber에 N_2를 공급하여 760Torr 대기압 상태로 유지한 후, 웨이퍼를 꺼내고 식각 상태를 현미경을 사용하여 측정한다.

⑩ 진공 Pump 가동을 중지시키고 30분 정도의 안정화 시간이 경과되면 모든 Valve, Pump 등을 OFF시킨 후, 장비 전원을 차단한다.

7.4.2 습식식각 실습

(1) BOE를 사용하여 웨이퍼 습식식각 실습을 통해, 산화막을 제거하기 위한 공정이다.

① Wet-Station 장비를 가동시키고, 식각할 웨이퍼를 Teflon 캐리어에 준비한다.

② 장비 Bath에 BOE 용액을 준비하고, 웨이퍼를 3분 동안 식각한다. (분당 600Å 정도 식각됨)

[그림 7.8] Wet-Station을 이용한 습식 산화막 식각 공정

③ 식각한 후, Rinse Bath로 이동하여 초순수와 N_2 Bubble을 사용하여 10분 정도 충분히 씻어준다.

④ Hydro Phobic 현상을 확인하고 웨이퍼에 남아 있는 Layer를 확인한다. (PR+ Oxide + Substrate)

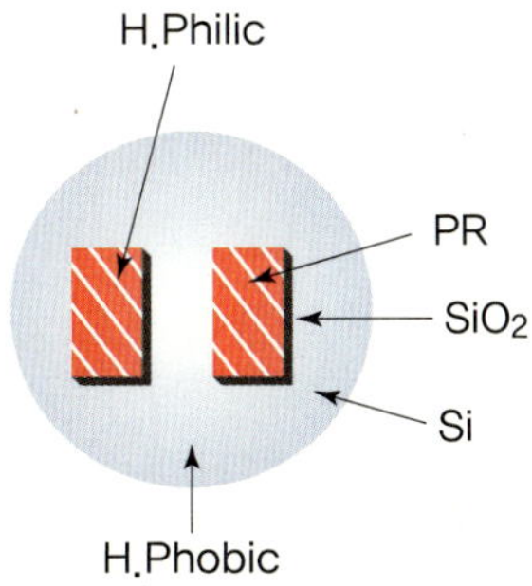

[그림 7.9] 소수성 확인

감광액이 Masking 역활을 하여 패턴 외의 불필요한 부분인 산화막(SiO_2)을 식각하여 패턴만 남게 된다.

7.5 실습 결과 분석 및 토의

1. Photo 공정을 진행한 웨이퍼에 산화막(1300 Å 정도)을 습식(Wet-Station) 및 건식(Etcher) 장비를 이용하여 식각 공정을 진행하시오.

2. Photo 공정 후 PR-Strip을 습식 방식으로 진행하시오.

3. 건식식각과 습식식각의 차이점과 방식에 대해 설명하시오.

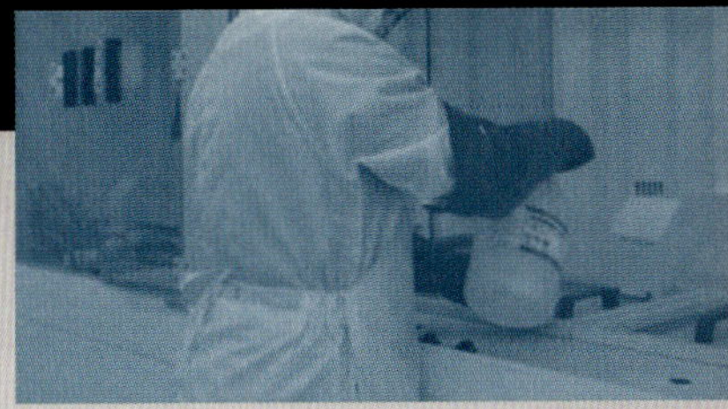

08

측정 실습

8.1 실습 목적

① 엘립소미터 장비를 사용하여 산화막의 두께와 굴절률을 측정할 수 있다.

② Reflector 박막두께 측정 장비를 사용하여 질화막의 두께와 굴절률을 측정할 수 있다.

③ 4-Point Probe 장비를 사용하여 웨이퍼의 비저항과 면저항을 측정할 수 있다.

8.2 이론적인 배경

8.2.1 엘립소미터(Ellipsometer)

엘립소미터의 원리를 공부하고 엘립소미터 장비를 사용하여 직접 두께를 측정해 본다. 두께 측정 장비는 광원을 시료에 조사하고 시료의 계면에서 반사되어 나온 빛을 각 재료의 굴절률로 분석하여 두께를 측정하는 방법이다. 그림 8.1에 엘립소미터 장비를 나타내었다.

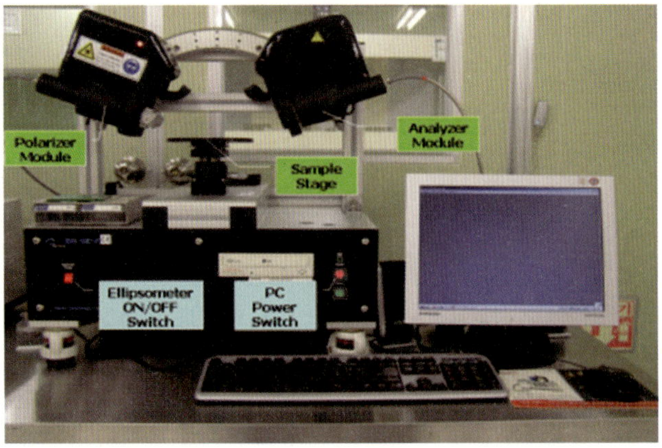

[그림 8.1] 엘립소미터 장비 및 주변기기

평면으로 편향된(Polarized) 빛을 표면(surface)에 주사하면 반사된 빛은 대부분 타원으로 편향된다. 편향 상태에서의 변화를 이용하여 막의 두께를 측정하는 비파괴이면서 비접촉적인 가장 정확한 광학적인 해석이 가능한 장비이다.

엘립소미터의 원리는 편향분광법(Polarization Spectrometer)을 사용하여, polarizer에서 빛을 보내고 analyzer에서 7.5도씩 변하면서 시편의 두께를 측정하게 된다. 단지 빛의 편향을 측정할 뿐이지 반사된 빛의 세기나 세기의 변화를 고려하는 것은 아니다. 편광된 빛의 타원율과 위상각은 물질 표면이나 박막으로 덮힌 표면으로부터 굴절률(Refractive index: N)과 흡광율(Extionction Coefficient: K)에 의해 결정된다.

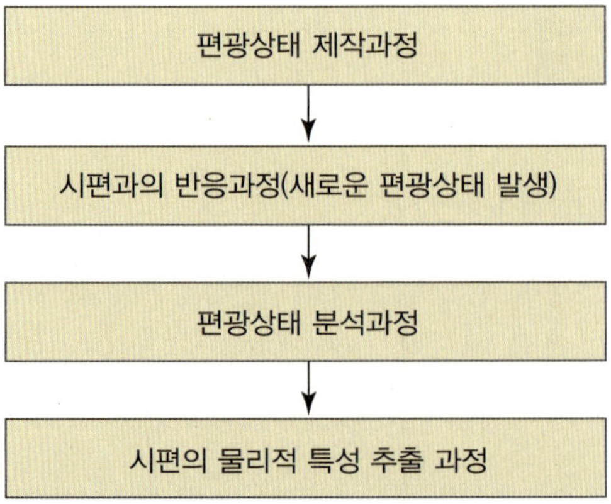

[그림 8.2] 엘립소미터 측정 · 분석 단계

즉, 모든 엘립소미터 광원에서 나온 빛이 편광을 발생시키는 부분을 통과하는데 이 때 발생하는 편광의 종류는 작동원리에 따라 다르다. 이 편광된 빛은 다시 시편에서 반사(또는 투과)되면서 그 편광의 특성이 바뀌게 되고, 다시 이 빛은 편광을 분석하는 광학부품을 통과하면서 측정각(Δ, ψ)을 추출하게 된다. 추출된 측정각을 분석함으로써 시편의 광학적 성질이나 미세 구조적 특성 등 원하는 정보를 알아내게 된다.

일단 엘립소미터 기술의 요지만을 간추려 보면,

① 엘립소미터의 측정 물리량은 두 편수(Δ, ψ)이다.

② 엘립소미터를 이용하여 시편의$(\Delta, \psi)_{실험치}$를 측정한다.

③ 이론적 모델을 바탕으로 시편의$(\Delta, \psi)_{이론치}$를 계산한다.

④ $(\Delta, \psi)_{실험치} = (\Delta, \psi)_{이론치}$로 만드는 과정에서 이론 계산속에 들어 있는 물리량을 추출해 낸다.

엘립소미터의 특징

① 측정 속도가 빨라 변화하는 시편의 특성을 실시간(realtime) 측정이 가능하다.

② 초박막 민감도(monolayer sensitivity)를 가지고 있다.
단일층(monolayer, 2-3Å)이 채 형성되기도 전에 그 변화를 감지한다.

③ 단일층 박막은 물론이고 다층 박막의 경우도 광학 이론을 이용하여 각 박막층의 두께라든지 void 함량 등의 미세 구조적 성질을 분석할 수 있다.

④ 두 편광상태의 반사를 측정하기 때문에 두 개의 정보, 즉, 굴절률과 소광계수(n, k)를 동시에 결정할 수 있다.

⑤ 값이 정확하고, 대상 표면의 손상이 전혀 없으며, α-step과 비교해 볼 때 샘플의 전처리 과정이 필요 없다.

8.2.2 광간섭법(Reflector) 박막두께 측정

광간섭법 박막두께 측정 장비의 원리를 공부하고 이 장비를 사용하여 직접 두께를 측정해 본다. 광간섭법 박막두께 측정 장비는 광원을 시료에 조사하고 시료의 계면에서 반사되어 나온 빛의 반사량을 분석하여 두께를 측정하는 방법이다. 그림 8.3에 박막두께 측정 장비를 나타내었다.

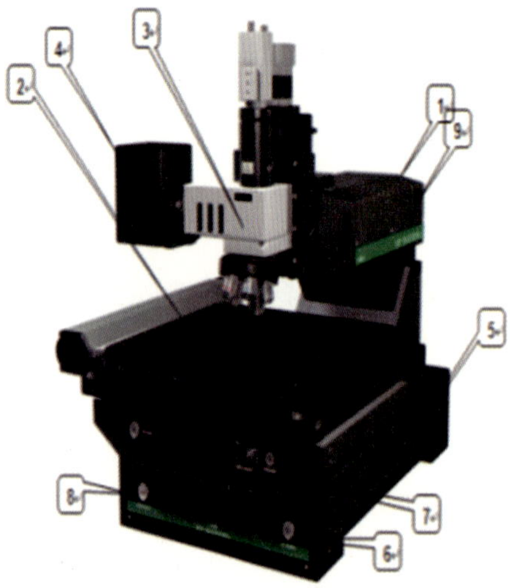

Spectra Thick 5000-Auto System의 모습
1. 측정용 spectrometer
2. Auto X-Y Stage
3. 측정용 현미경
4. 측정 광원용 Illuminator
5. Main Computer Control Box
6. System Main 전원
7. 광학부 ON/OFF Switch & 광당조절 Gage
8. Emergency Switch

[그림 8.3] 박막두께 측정 장비 및 주변기기

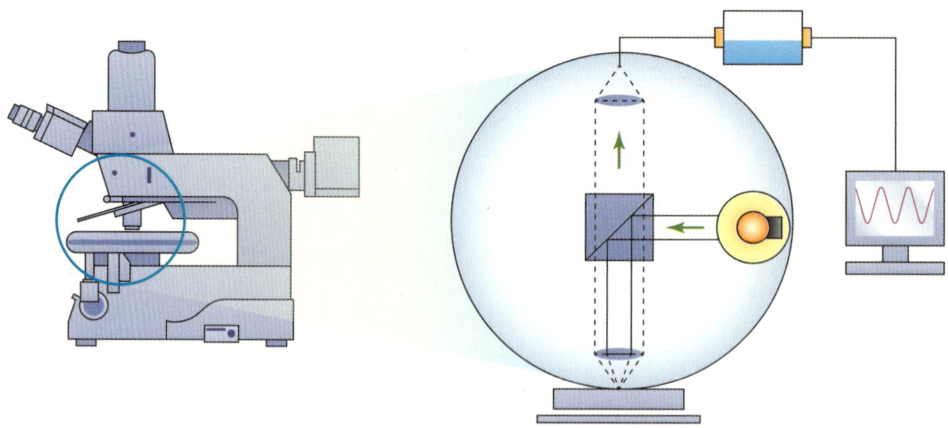

[그림 8.4] SpectraThick의 개념도

텅스텐-할로겐 가시광원(Tungsten-Halogen Light Source)에서 나온 빛이 광학계를 통해 Sample Stage 위에 놓여 진 박막에 입사된다.

그리고 이 박막 표면 및 기판(substrate)과의 경계면들에서 반사된 반사광이 반사형 광섬유 프르브 내의 중앙부 한 가닥의 반사광 수집용 광섬유를 통하여 장비로 입사된다.

이 반사광은 장비내의 Grating에 의해 실시간에 파장별로 분리된 후에 CCD에 의해 전기적인 신호로 바뀌고, A/D 변환기로 디지털 신호로 변환되어 프린터 포트를 통해 개인용 컴퓨터로 입력된다. 사용된 반사형 프르브의 외주부 6가닥의 광섬유는 이를 통해 시료에 조사된 빛의 위치를 확인함으로써 분석 부위에 정확히 위치시키는 데 사용한다.

그런데, 이 측정된 간섭광 신호에는 여러 가지 원인에 의한 측정 잡음이 포함되어 있어 계산에 충분한 정도의 깨끗한 파형을 보이지 않는다. 따라서 본 장비에서는 측정된 간섭광 신호에 포함되어 있는 측정 잡음들을 시간영역 평균 및 파장영역 평균을 구하는 과정을 통하여 잡음이 제거된 깨끗한 파형을 재구성한 후, 이 파형을 이용하여 두께를 계산하고 있다.

〈표 8.1〉 응용 분야

Semiconductor	Poly-Si, GaAs, GaN, InP, ZnS, SiGe…etc
Dielectric Materials	SiO_2, Si_3N_4, TiO_2, ITO, ZrO_2, BTS, HfO_2…etc.
Polymer	PVA, PET, PP, PR, AlQ3…etc
LCD	a-Si, n+a-Si, Oxides, ITO, Cell Gap, Photoresist & Polyimide Film, Quartz…etc
Optical Coating	Hardness Coating, Anti-Reflection Coating, Filters, Packing & Functional Film..etc
Recordable Materials	Photosensitive Drum, Video Head, Optical Disk..etc
Available Substrates	Silicon, SOI, SOS, Glass, GaAs, Al_2O_3, Aluminium(Metals)
Others	ZnTe, CdTe, TaOx, Al_2O_3 Film, Film grown by MOCVD, TaOx on Al_2O_3 유기절연막(Polymer), ZnO on Al_2O_3, MgO, PZT on PT, CaO. BST on Corning, InGan, P-Gan, InZnO on PET, Silicar on Si, Na_2O, Er_2O_3 Y2-X $GdxO_3$: Eu3…

박막에 입사된 빛의 일부는 박막면에서 반사되고, 다른 일부는 박막과 기판 간의 경계면, 그리고 다중박막의 경우 박막 간의 경계면에서 반사된다. 이들 반사파들은 동일 광원에서 방사된 가간섭성(Coherent) 광이므로 서로 간섭현상을 보여, 파장에 따라 상승 및 상쇄간섭을 하게 된다. 따라서 측정된 반사광은 박막두께에 따라 sin형상, 혹은 골짜기만 있는 형상 등, 파장영역에서 특별한 스펙트럼 분포를 보이게 된다. 이 스펙트럼 형상은 박막의 구성을 알고 있는 경우 계산이 가능하다. 따라서 역으로 박막의 구성, 즉 두께나 굴절률 등을 변화시켜 가면서 측정된 형상과 최적으로 일치하는 박막특성을 구한다.

8.2.3 Four Point-Probe

4-Point Probe는 실리콘 웨이퍼의 Bulk 저항, 비저항 및 면저항을 측정하는 방법으로 시편 표면상에 4개의 접촉을 이용하여 측정이 이루어진다. 저항은 박막에서 2개의 간단한 탐침으로는 실제적으로 측정하기 힘들고, 일반적으로 전기 기술자들이 사용하는 멀티미터를 사용하여 측정한다. 이것은 탐침과 웨이퍼 소재 간의 접촉면에서 발생하는 과도한 접촉 저항 때문이다. 반도체 산업에서 면저항을 측정하는 일반적인 방법은 4 point법이 사용된다. 4 point 법은 일렬로 웨이퍼 표면에 접촉하는 동일한 거리를 둔 평행한 4개의 직렬 탐침을 사용하게 된다.

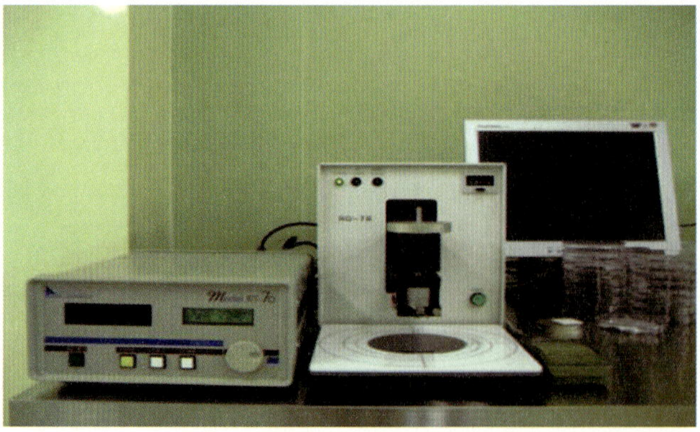

[그림 8.5] Four Point Probe

측정원리는 아래 그림에서 볼 수 있듯이 바깥쪽의 Probe를 통해 전류(I)를 인가하고 안쪽의 Probe로 전압(V)을 측정하여 측정된 2개의 요소를 계산하여 저항을 구하는 것이다.

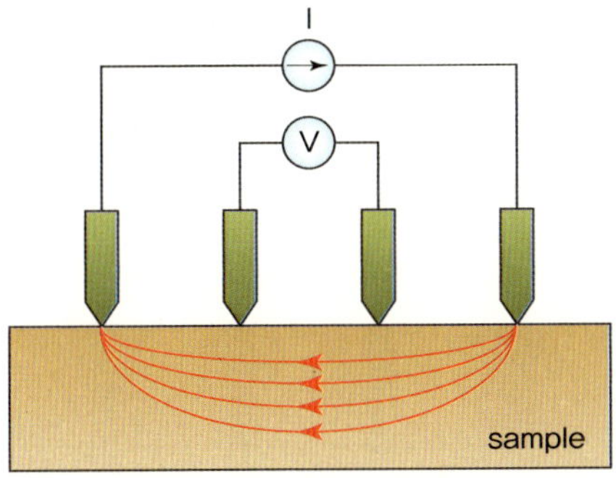

[그림 8.6] Four Point Probe Current & Voltmeter

면저항(ohm/sq = Ω/ □ = Sheet resistance)

면저항은 단위 ohm/sq로 표시된다. 여기서 sq는 □로도 표시되며, 미터법(cm^2 등)이 아닌 별도의 단위로서, 무한대의 면적으로 해석하는 것이 일반적이다. 선저항은 두개의 probe로 임의의 거리에 대한 저항을 측정하지만, 면저항의 경우에는 동일한 간격의 4개의 탐침으로 측정하게 된다. 이때 쓰이는 Probe가 4 point probe이고, 일반적으로 탐침은 1mm 간격으로 일렬 구성된 probe를 사용하며, 4개의 탐침으로 전류와 전압을 측정하여, 저항값을 구한 후, 면저항 단위인 ohm/sq로 계산하기 위해 보정계수(C.F)를 적용한다. 면저항값은 Wafer, LCD, 태양전지(Solar cell), 연료전지, OLED 등의 벌크 및 박막의 전도성을 검사하기 위하여 쓰인다.

$$V/I = \text{ohm}$$
$$\text{ohm} \times \text{C.F} = \text{ohm/sq}$$

비저항(ohm · cm)이란?

비저항은 물질의 고유저항으로서 순수물질의 경우에는 그 비저항값이 알려져 있지만, 혼합물의 경우 여러 가지 방법에 의하여 구할 수 있다. 4 point probe방식의 면저항 측정기를 이용할 경우 박막의 두께를 알고 있어야 하고, 다음 식으로 구할 수 있다.

$$\text{ohm/sq} \times \text{Thickness(cm)} = \text{ohm} \cdot \text{cm}$$

보정계수(Correction Factor)

면저항값을 계산하기 위해서는 4 point probe로 측정한 저항 값(ohm)에 보정계수를 적용해야 한다. 보정계수는 Sample size와 박막의 두께, 그리고 측정 시 온도까지 3가지 계수를 이용하여 산출된다. Sample size 계수는 40mm 이상의 직경의 Sample일 경우 4.532이고, 박막두께계수는 박막두께가 약 400um 이하 일 때 1이며, 온도는 Sample의 온도계수에 따라 약간의 변화가 있지만 약 23℃일 때 1에 가깝다. 이 조건으로 보정계수를 계산하여 보면 다음과 같다.

$$C.F = cf_1 \times cf_2 \times cf_3$$
$$4.532 = 4.532 \times 1 \times 1$$

Point Probe Head

Four point probe Head는 4 point probe, 4탐침 등의 이름으로 불리우며, 탐침이 4개가 달린 면저항 측정용으로 사용하는 probe를 일컫는 말이다. 보통은 1mm 간격이며, 일렬(Linear type)로 탐침을 정렬시킨 것을 이용한다.

8.4 실습 준비물

• 4인치 500Å, 1,000Å, 2,000Å, 5,000Å 두께별 산화막, 질화막 웨이퍼
• 4인치 Bare 웨이퍼
• 4인치 Doping 웨이퍼

8.5 실습 순서

엘립소미터와 광간섭법 박막두께 측정장비를 이용한 웨이퍼상의 다양한 박막두께 측정과 초기 Bare 및 불순물주입 공정 전·후의 웨이퍼의 비저항, 면저항 등을 측정

하고 시료를 분석한다.

8.4.1 엘립소미터(Ellipsometer) 측정 실습

(1) 1~2단계는 엘립소미터 장비를 가동하기 위한 공정이다.

① 컴퓨터 본체 뒤의 Main Switch를 켠 후 전면의 엘립소미터 Power를 켜고, 컴퓨터 스위치를 켠 후, 분광기의 광원 스위치를 켠다. 분광기의 광원 스위치는 엘립소미터를 사용하기 15분 전에 미리 켜두는 것이 광원을 안정화시키는 데 도움을 준다.

② 컴퓨터 부팅이 완료되면 Elli-SE-Measurement를 더블 클릭하여, 소프트웨어를 연다.

(2) 3~12단계는 장비를 사용하여, 박막두께 측정을 위한 단계이다.

③ "System" 메뉴에 "Check Module"을 클릭하고, 아래와 같은 화면이 나오면 "Check" 버튼을 누른다.
"Check" 명령 버튼을 클릭하면 편광자(polarizer)의 원점(P0)과 검광자(analyzer)의 원점(A0)을 확인하고, 편광자와 검광자를 지정된 원점으로 이동시킨다. 확인이 완료되면 각 module에 녹색불이 켜진다.

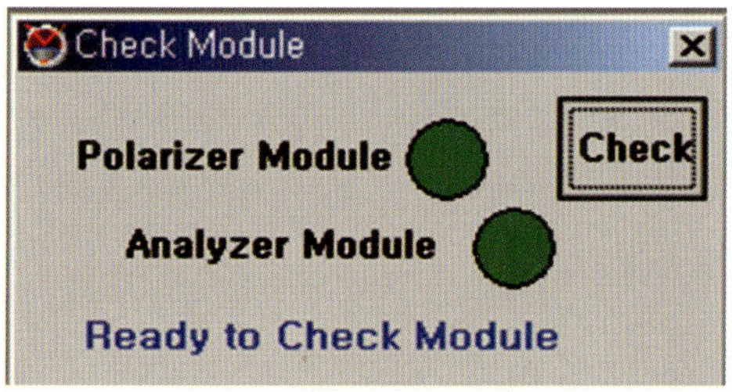

[그림 8.7] Check Module

④ "System" 메뉴에 "View Spectrum"을 클릭하면, 아래와 같은 화면이 나온다.

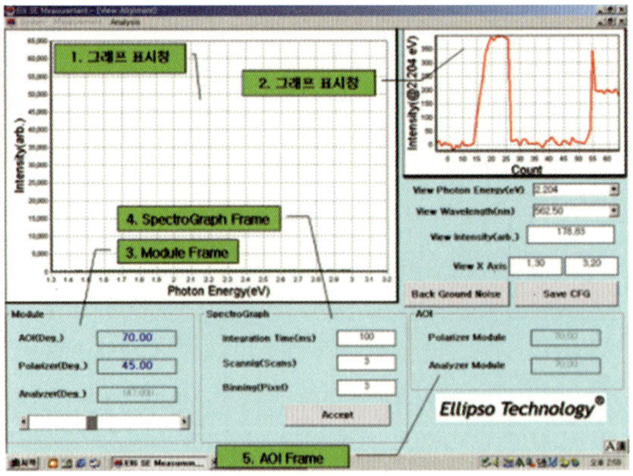

[그림 8.8] View Alignment

- **Back Ground Noise**: 주변 배경 산란광을 측정하고자 할 때 사용한다. 버튼을 클릭하면 픽셀별로 측정된 빛의 세기는 background 파일에 저장되어 노이즈를 제거하는 값으로 사용된다.
- **Module Frame**: "Module Frame"에서는 입사각 및 polarizer, Analyzer 각도를 표시하고 설정한다. 각 항목들의 수치는 입력창에 값을 입력하여 변경할 수 있다.
- **AOI(Deg)**: 입사각.
- **Polarizer(Deg)**: Polarizer 각도.
- **Analyzer(Deg)**: Analyzer 각도.

⑤ 측정하고자 하는 시편을 Sample Stage에 올려놓은 후, Analyzer(Deg.)의 가로막대바를 조정하면서 위의 Intensity-Photon Energy 그래프의 최대 Peak이 25,000에서 30,000 사이에 오도록 한다.

⑥ 그림과 같이 Analyzer Module을 손으로 막고 있는 상태에서 "Back Ground Noise" 버튼을 클릭한 후, 이 창을 닫는다.

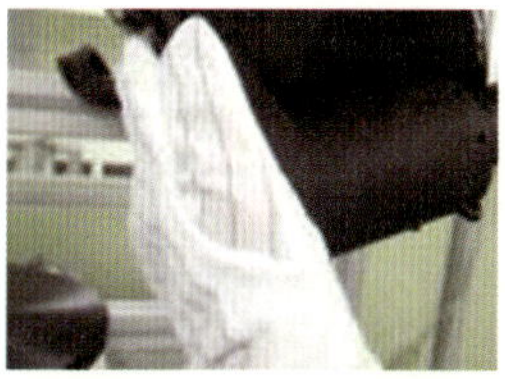

[그림 8.9] Back Ground Noise

⑦ 위의 메뉴에서 Measurement → "Normal Measurement"를 클릭하여 아래와 같이 측정창이 나타나면, "Measurement Start" 버튼을 클릭한다.

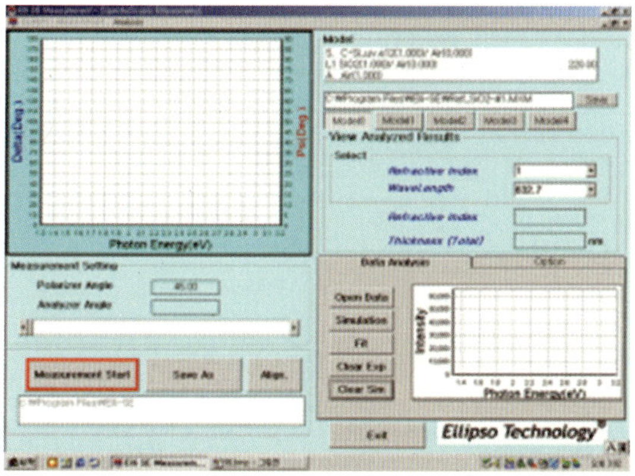

[그림 8.10] Measurement Start

⑧ 측정이 완료되면, 다음 그림과 같이 측정 그래프가 나타난다.

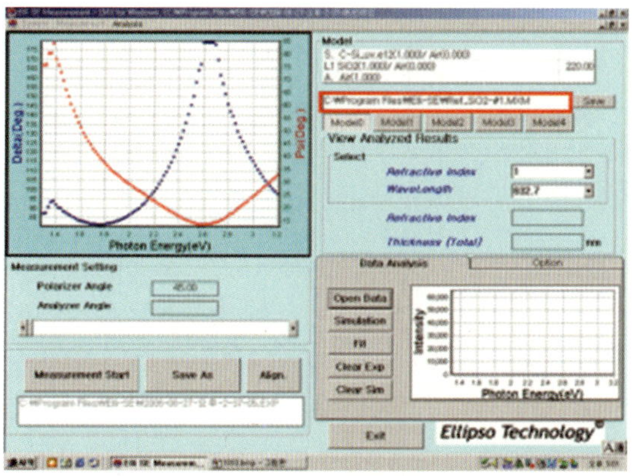

[그림 8.11] 측정결과

⑨ 윗부분의 Model 칸의 아랫 부분의 칸을 더블 클릭하여 알맞은 Model을 불러온다.

⑩ "Model Box" 안에 두 번째 줄의 L1을 더블 클릭하여 아래의 창에서 측정하고자 하는 박막의 예상 두께를 입력하고, "Accept" 버튼을 누른다.

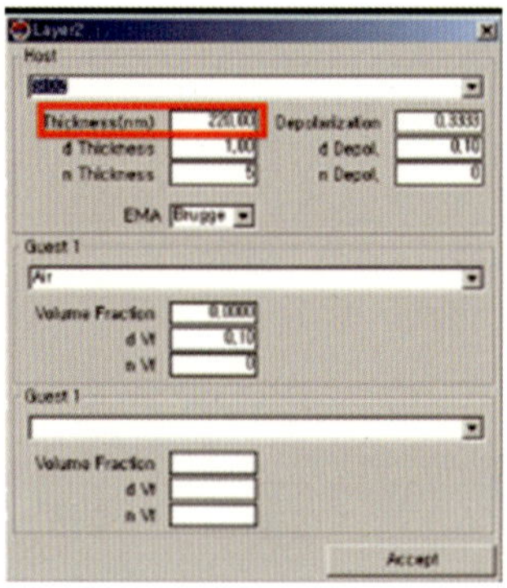

[그림 8.12] 시료두께설정

⑪ Simulation 버튼을 누르면 그림과 같이 입력한 두께에 맞추어 Simulation이 이루어진다. 어느 정도 측정 그래프와 일치한다면, Fit 버튼을 클릭하여 Fitting을 한다.

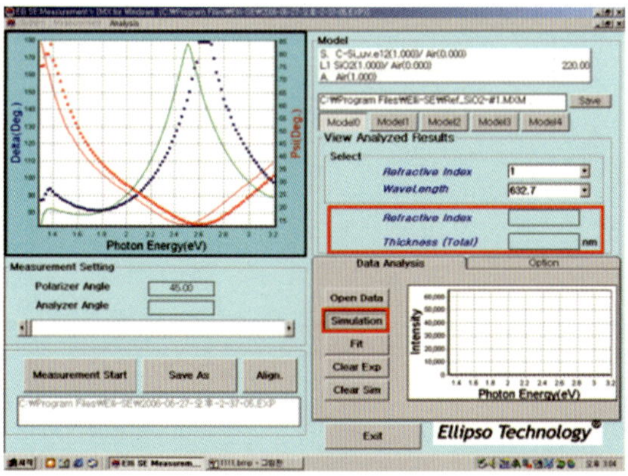

[그림 8.13] Simulation

⑫ Fitting이 완료되면 굴절률(Refractive Index)과 두께(Thickness)의 측정 결과가 표시된다.

8.4.2 광간섭법(Reflector) 박막두께측정 실습

(1) 1~2단계는 광간섭법 박막두께측정 장비를 가동하기 위한 공정이다.

① 컴퓨터 본체 뒤의 Main Switch를 켠 후 전면의 박막두께측정장비 Power를 켜고, 컴퓨터 스위치를 켠 후, 광원 스위치를 켠다. 광원 스위치는 장비를 사용하기 30분 전에 미리 켜두는 것이 광원을 안정화시키는데 도움을 준다.

② 컴퓨터 부팅이 완료되면 VisualThick Icon을 더블 클릭하여 소프트웨어를 연다.

(2) 3~12단계는 장비를 사용하여, 박막두께 측정을 위한 단계이다.

③ 'Open Model'을 클릭하여 필요한 모델식을 불러온다.

④ 스테이지에 Bare Si을 올려놓는다. A.Focusing Switch를 On시키고, Focusing 한다. Focusing Switch를 Off 시켰을 때 아래와 같이 광원의 세기가 10,000~15,000nm 되도록 한다.

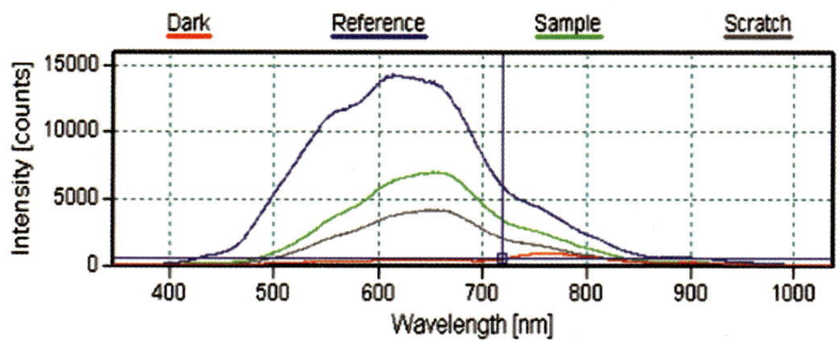

[그림 8.14] Intensity 설정

⑤ Focusing Off시키고, 광량 확인 후, 'Reference'를 클릭한다. (클릭 후 회색선이 파란선으로 변함)

⑥ Back Reflectance의 영향을 가장 적게 받는 부분으로 Stage를 이동시킨다. 회색선이 최대한 내려갔을 때 'Dark'를 클릭한다. (클릭 후 회색선이 빨간선으로 변함)

⑦ 측정하고자 하는 샘플을 Focusing 한 'Sample'을 클릭한다. (클릭 후 회색선이 초록색선으로 변함.)

⑧ 'Fitting'을 클릭하여 측정을 시작하고, 측정 결과를 확인한다.

⑨ Fitting이 완료되면 굴절률(Refractive Index)과 두께(Thickness)의 측정 결과가 표시된다.

8.4.3 Four Point-Probe 실습

(1) 1~2단계는 4Point Probe 비저항 · 면저항 측정 장비를 가동하기 위한 공정이다.

① 전원 투입 직후에는 측정이 안정되지 않는 경우가 있으므로 약 10분 정도 warming up 후 측정을 개시하는 것이 좋으며. FUNC 버튼으로 Self mode 항목으로 이동 후, Start 버튼을 눌러 Self Test를 진행하여 측정 준비 상태를 만들어 준다.

② 보다 안정된 측정을 하기 위해서는 시료와 probe head와의 접촉 상태를 좋게 해야 한다. 높은 접촉저항, 정류성, 노이즈 등의 영향을 받기 쉽게 되어 있어 측정 불안정, 측정 오차가 발생하는 원인이 된다. 시료면의 오염, 산화막 등은 측정 전에 제거해 두는 것이 좋다.

(2) 3~12단계는 장비를 사용하여, 박막두께 측정을 위한 단계이다.

③ FUNC mode를 BULK로 설정하면 bulk 형상의 시료 측정을 할 수 있다. (Ω · cm)

④ FUNC mode를 SLICE1(100~999μm) 또는 SLICE2(1.00~9.99mm)로 설정하여 THICKNESS dial로 시료의 두께를 dial로 설정하면 비저항을 측정하고 결과를 확인한다. (Ω · cm)

⑤ FUNC mode를 SHEET에 설정하면 면저항을 측정하고 결과를 확인한다. (Ω/sq)

8.5 실습 결과 분석 및 토의

1. 엘립소미터를 이용한 산화막(SiO_2)를 측정하여 그 두께와 굴절률을 기록하시오.

측정 부위	측정 두께[nm]	측정 굴절률
center		
right		
left		
top		
bottom		

2. 광간섭법 박막두께측정기를 이용한 질화막(Si3N4)를 측정하여 그 두께와 굴절률을 기록하시오.

측정 부위	측정 두께[Å]	측정 굴절률
center		
right		
left		
top		
bottom		

3. Si(Bare wafer)의 비저항 및 면저항을 측정하시오.

측정 부위	비저항(ohm·cm)	면저항(Ω/□)	
center		center	
right		right	
left		left	
top		top	
bottom		bottom	

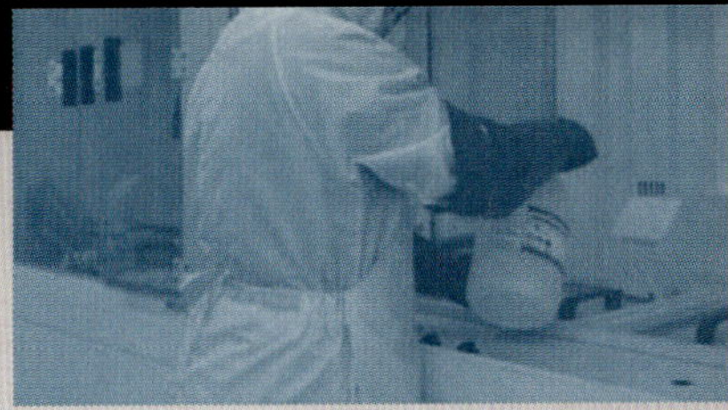

09

솔라셀공정실습 (Solar Cell)

9.1 실습 목적

① Texturing 원리를 이해하고 웨이퍼 표면에 Random Pyramid를 형성시킬 수 있다.

② Furnace 장비를 이용하여 POCl3을 확산시킬 수 있다.

③ PECVD 장비를 이용하여 반사방지막을 형성시킬 수 있다.

④ 스크린프린트 장비를 이용하여 후면(Al), 후면(Ag) 금속 전극을 형성시킬 수 있다.

⑤ Laser 장비를 이용하여 Edge isolation 공정을 진행시킬 수 있다.

⑥ I-V Measurement 장비를 이용하여 Cell의 효율을 측정한다.

9.2 이론적인 배경

태양전지의 동작원리는 광기전력 효과를 이용하는 것이다. 빛은 광자라고 불리는 에너지를 갖는다. 이 빛을 반도체에 비추게 되면, 반도체 속에 공유결합되어 있던 전자와 상호작용을 하게 되어서 전자-정공쌍이 생성된다. 반도체 속에 pn 접합이 생성되어 있으면 pn 접합면에서는 전자와 정공이 없는 공핍층이 형성되고 고정된 도너 이온과 어셉터 이온에 의해서 내부전위차가 형성이 된다.

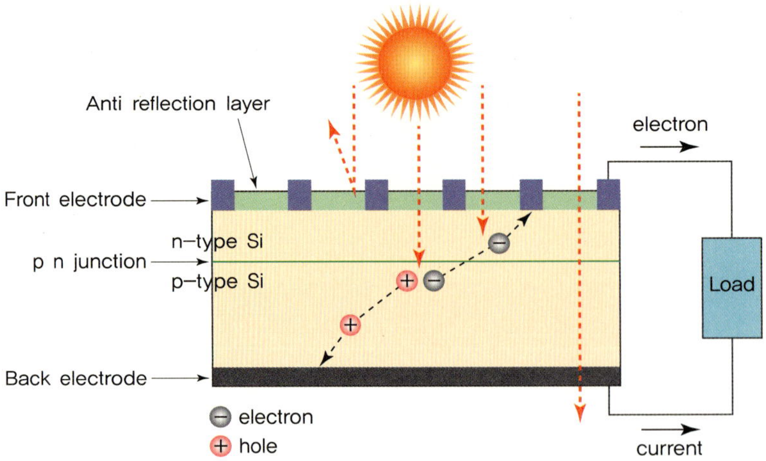

[그림 9.1] 실리콘 솔라셀 구조

빛에 의해서 생성된 자유 전자, 자유 정공은 공핍층 내에 있는 내부전위차에 의하여 분리되어 전자는 n형 반도체 쪽으로 정공은 p형 반도체 쪽으로 이동하게 되어 p형 반도체가 n형 반도체보다 높은 전위가 형성이 된다. 이것을 광기전력이라고 한다.

9.2.1 표준 Screen printed 단결정 태양전지

표준 Screen Printed 단결정 태양전지 제조 공정을 그림 9.2에 나타내었다. 아래 순서에 의해 제조공정 실습이 진행되며, 그 결과는 각 공정 부분에서 다룬다.

9.2.2 웨이퍼 SDR 및 Texturing 공정

웨이퍼 제조과정에서 발생된 결함들은 효율 저하 등의 문제를 일으키기 때문에 반드시 제거해야 한다. 솔라셀 웨이퍼의 표면 결함을 제거하는 공정을 Saw Damage Removal(SDR) 공정이라 하고, SDR 공정은 웨이퍼 표면의 구조를 표면조직화하는데 반복성을 가지기 위해서 중요한 공정이다.

표면조직화(Surface Texturing) 공정의 목적은 전면의 빛 반사율을 감소시키고, 솔라셀 내에서 빛의 통과 길이를 길게 하며, 후면으로부터의 내부반사를 이용하여 흡수된 빛의 양을 증가시키는 것이다. 따라서 솔라셀의 단락 전류를 향상시킬 수 있으며 더불어 변환 효율을 높일 수도 있다.

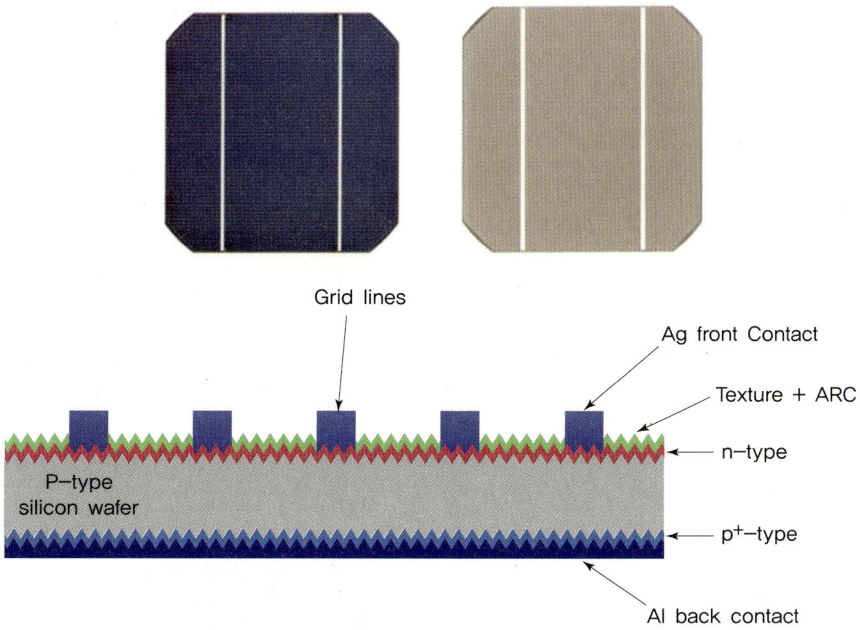

[그림 9.2] 단결정 및 태양전지 단면도

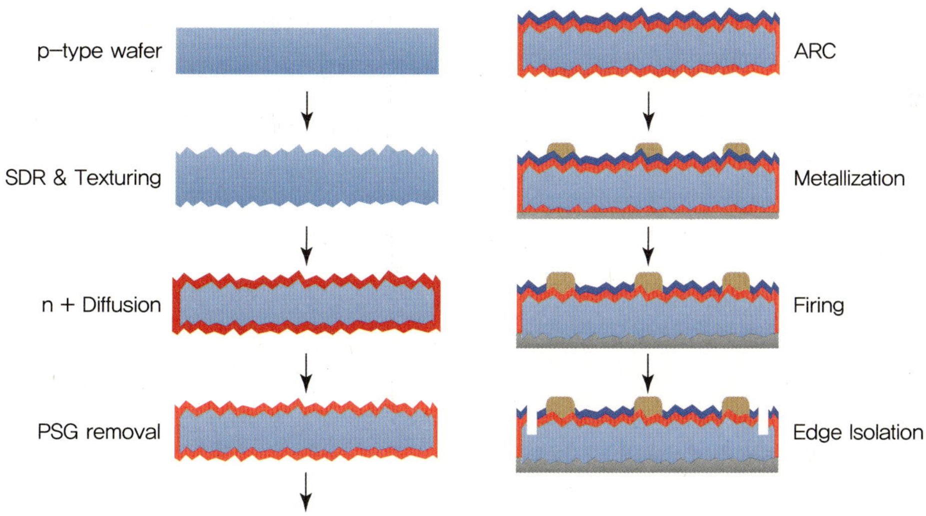

[그림 9.3] 표준 screen printed 결정질 솔라셀 제조 공정

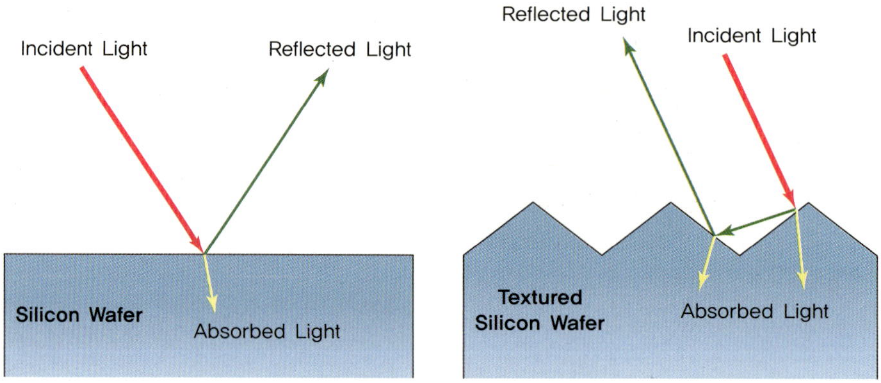

[그림 9.4] Textured Si Wafer

[그림 9.5] 조직화된 표면사진(Monocrystalline Silicon)

경면 처리된 실리콘 표면은 태양빛의 약 30% 정도를 반사하는데, 표면을 Texturing 시키면 반사가 약 10% 정도로 감소하고, 여기에 반사방지막까지 추가하면 반사율은 약 3%까지 감소시킬 수 있다. 그러므로 솔라셀 제작 시 웨이퍼 표면의 Texturing은 광변환 효율을 높이기 위한 필수적인 방법이다.

9.2.3 POCl3 Furnace & PSG 제거 공정

POCl3의 확산 원리를 공부하고 Furnace 장비를 사용하여 직접 POCl3를 고온에서 확산시켜 본다. p-n 접합을 위한 n-형 에미터 형성(doping)은 접합을 형성하기 위하여 두께 200um p-형 웨이퍼에 의도적으로 n-형 층을 만들기 위해서는 원소주기율표 V 족을 포함하는 물질로 POCl3, H_3PO_4 등을 고온에서 확산시키는 공정이다. 형성되는

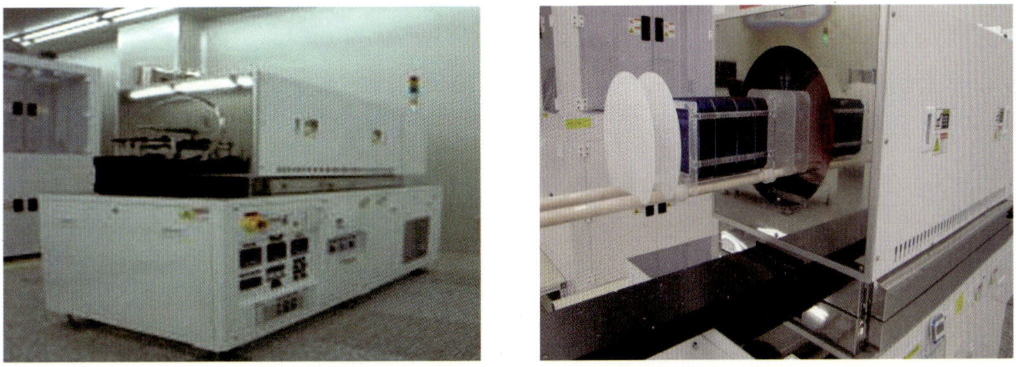

[그림 9.6] POCl3 Furnace 장비

n-층의 두께는 500nm 이하이고, 이층을 에미터(Emitter)층이라고 한다.

n-형 확산공정은 1단계 온도 780℃에서 선증착(pre-deposition)과 2단계 온도 835℃에서 불순물을 실리콘 속으로 밀어넣어(drive-in) 확산시킨다. 고온의 POCl3와 O_2가 확산로 안에서 서로 반응하여 P_2O_5층을 형성(선증착)하고 고온의 열처리를 하면 P_2O_5층의 P가 Si속으로 확산되어 n층이 형성된다.

n-형 도핑 시 형성된 산화막(PSG)제거 공정은 n-형 확산의 선증착 공정이 마무리되면 POCl3과 산소와 반응하여 인을 포함한 산화물(Phosphorous silicate glass, PSG)이 형성된다. PSG층은 실리콘 내부에 존재하는 불순물을 석출(Gettering)하여 포함하고 있기 때문에 도핑공정 이후에 불산을 사용하여 제거해야 한다.

9.2.4 반사방지막 형성 공정(ARC)

반사방지막은 실리콘 웨이퍼의 표면에 특정 굴절률의 물질로 얇은 막(70nm~80nm)을 형성시켜 물질들 간의 굴절률 차이를 이용하여 태양전지의 반사도를 낮춰 보다 많은 태양광이 입사할 수 있도록 하기 위하여 진행되는 공정이다.

그림 3-1은 반사방지막의 원리를 나타낸다. 반사방지막 아래 계면과 반사방지막 윗면에서 반사되는 빛을 상쇄 간섭을 일으키게 함으로써 빛 반사를 줄일 수 있다.

수식은 상쇄 간섭을 일으킬 수 있는 조건을 나타낸다.

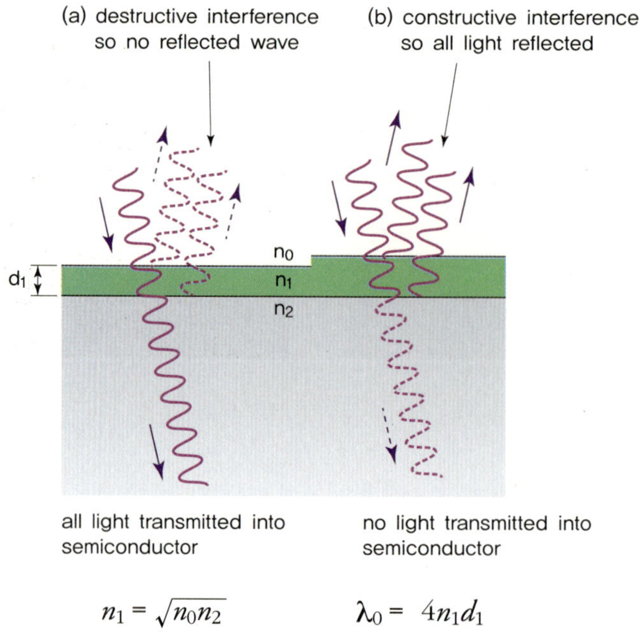

[그림 9.7] 반사방지막의 원리

현재 주류를 이루고 있는 반사방지막으로는 태양광 스펙트럼에서 일반적으로 굴절률이 n = 2.0에서 2.2 사이의 값을 가지며 실리콘 표면의 끊어진 결합을 만족시켜 줄 수 있는 질화막(SiNx. Silicon Nitride)을 들 수 있는데 주로 PECVD 장비나 Sputter 장비로 형성하고 있다. 질화막(SiNx)을 SiH_4와 NH_3, N_2 or Ar 가스를 혼합하여 형성하면 수소함량을 10% 이상 달성할 수 있다. 박막 내에 함유된 수소는 금속을 소성하는 고온처리 시에 실리콘 내부의 결함을 축소하여, 광 생성된 반송자 수명(lifetime)을 길게 하므로 태양전지 효율 향상의 핵심기술이다.

9.2.5 스크린프린터 및 건조 공정

태양전지에 있어서 전후면 전극 형성은 태양전지의 효율의 핵심적인 인자인 Voc (Open circuit voltage)와 Jsc(short-circuit current density), 그리고 FF(Fill Factor)에 중요한 변수로 적용된다. 전체적인 태양전지의 성능을 결정짓는 중요한 부분이라고 볼 수 있다. 다양한 전극형성 공정들 중에서도 가장 보편적으로 사용되고 있는 방법은 스크린 프린팅 기법으로 비교적 공정이 간단하며 장비 및 재료의 단가가 저렴하고 단시간에 대량 생산이 가능하다. 또한 진공 시스템이나 화학적인 조건이 수반되지 않고 대

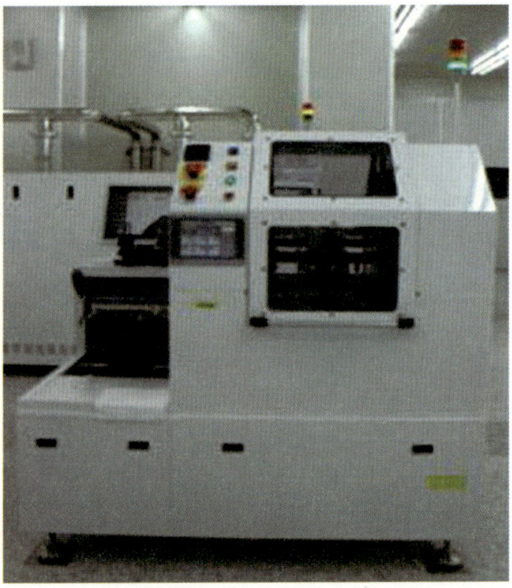

[그림 9.8] 스크린프린터

기 중에서도 공정이 가능하여 양산 보급형 태양전지 생산에 널리 이용되고 있다.

스크린프린터 공정은 웨이퍼 양면에 전극을 형성하기 위해서 스크린프린트 방식으로 금속 Paste를 인쇄한 후 건조 및 소성 공정을 통해 전극을 형성하는 공정이다. 스크린프린트는 프린터, 스크린 제판, 금속 Paste 3가지 부분으로 구성되어, 개구부가 형성된 스크린 마스크 위에 도출된 Paste를 스퀴즈로 문질러 기판표면에 금속패턴을 형성하는 방법이다.

건조 공정은 스크린프린트된 금속 Paste는 유기용제인 Solvent 휘발을 위해 건조를 수행한다.

태양전지에서 사용하는 금속전극 형성을 위한 금속 Paste의 종류는 3가지로 Ag(전면 접촉용 금속), 알루미늄이 3% 첨가된 AgAl(후면납땜용 버스바 금속), Al(후면전계 형성을 위한 금속)로 구성되어 있어 최소 3회의 인쇄와 건조가 수행된다. 웨이퍼 생산에 기계적 오차가 0.5mm이고, 스크린 인쇄에서 정열 반복성과 pn접합 분리 실행 반복성 확보를 위해서 0.5mm의 여백이 필요하다. 즉, 전면과 후면에 모든 금속은 웨이퍼 측면으로부터 1.5mm(양쪽 측면을 포함하면 거리 = 3mm)를 띄어서 금속전극을 형성해야 한다.

금속전극 형성의 목적은 광생성된 전하를 수집하기 위한 금속전극 형성이 목적이고, 전면전극(Ag)에 의한 빛 흡수 손실(Shadowing loss)과 면저항을 고려하여 grid pattern(스크린) 설계가 필요하다. 면저항이 올라 갈수록 높은 저항 때문에 표면에서 전자가 전극으로 수집되기가 힘들기 때문에 finger와 finger 사이의 공간(spacing)을 줄여야 한다.

전면전극 형성 시 고려해야 될 사항은 전면전극의 설계 및 스크린프린트에 의해 전면 전극을 형성할 때의 전극 두께, 폭, 간격이다. 먼저 태양전지 표면의 금속전극은 표면에서의 빛의 반사 및 직렬저항 성분에 큰 영향을 준다. 전면 그리드를 설계할 때에는 전체 금속 면적을 줄여 태양광을 받는 면적을 넓게 하고, 전면전극 그리드 사이의 간격을 줄여 전자가 받는 저항을 줄여주는 것이 좋다.

후면 버스바는 Ag가 납땜 특성에 적합하나, 후면전계 형성에 부족하여 AgAl을 사용한다. 후면 Al 금속의 두께는 개방전압 상승에 효과적인 후면전계(BSF) 형성에 영향을 준다.

Dry는 IR Lamp 또는 열풍 Dry Type의 건조 장비를 이용하여 200도 정도에서 3~5분 정도 유기물 휘발을 위해 진행한다.

9.2.6 Firing 공정

소성(Firing) 공정은 금속 자체의 비저항을 줄이면서도 실리콘과 화학적인 접촉을 만들기 위해서 고온의 벨트형 소성로(belt furnace)에서 열처리를 수행하여 금속인쇄를 마무리 한다. 고온의 벨트형 온도 프로파일은 빠른 온도 상승과 가파른 온도 하강이 핵심 기술이다. 온도 프로파일을 가파르게 해서 신속하게 금속과 실리콘이 접촉을 하

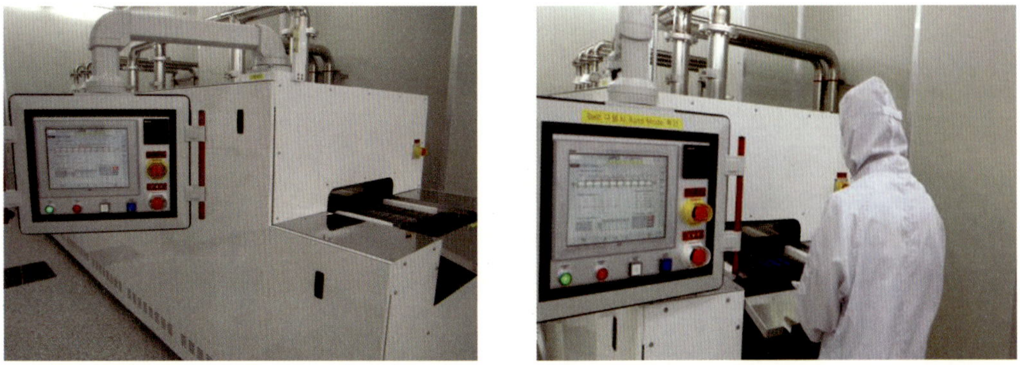

[그림 9.9] Belt형 Firing Furnace

고 더 이상의 금속성 물질이 확산되는 것을 방지해야 고효율 달성이 가능하다.

고온 소성(firing)의 목적은 전극을 적절한 열처리를 통해 금속전극과 실리콘을 화학적으로 결합시켜 저항을 줄여 전류가 잘 흐르도록 하는 공정이다. 소성온도가 과다하면 pn접합에 누설전류 증가를 병렬저항 Rsh가 감소하여 곡선인자 FF가 감소하고, 태양전지 효율도 감소한다. 소성도가 부족하면 금속의 선저항이 증가하고 직렬저항 Rs가 증가하여 곡선인자 FF가 감소하고, 태양전지 효율도 감소한다.

SiNx 증착 후 열처리 공정은 SiNx안에 있는 Si-H와 N-H 결합을 깨고 수소가 에미터와 베이스로 확산되어 표면과 벌크 페시베이션을 하게 된다. 태양전지 공정 시 전극 형성을 위한 열처리를 할 때 이와 같은 페시베이션 효과가 일어난다. 금속 열처리 공정을 이용하여 600℃ 이상의 온도에서 수 초간 열처리를 할 때 첫 번째로 전면 금속(Ag)는 질화막을 뚫고 에미터와 접촉을 이룬다. 두 번째로 수소는 실리콘 질화막에서 결합을 깨고 Si속으로 확산되어 벌크 페시베이션을 이룬다. 세 번째로 PECVD를 사용하여 실리콘 질화막을 증착할 때 표면이 손상되었던 것들이 열처리 과정에서 표면 페시베이션을 이루어 금속 열처리 공정으로 동시에 3가지 효과를 이룬다.

9.2.7 Edge Isolation 공정

PN 접합 분리(pn junction isolation) 태양전지 제조과정에서 pn 접합을 수행하면 전면, 측면, 후면 모두 불순물이 확산하게 된다. 금속은 웨이퍼 측면으로부터 1.5mm를 띄워서 금속전극을 형성하므로 측면과 후면에 측면으로부터 1.5mm까지는 n-형 접합이 존재하고 금속이 미도포된 부분에서 누설전류가 발생하기 때문에 pn 접합 분리가 필요하다. 분리가 가능한 면은 전면에서 측면을 따라서 200um 이내의 지점으로 레이저 빔을 스캔하여 분리하는 것이 일반적이다. 현재는 레이저 분리가 지배적인 기술이나, 웨이퍼를 쌓아 500매 단위로 적체하여 불화가스를 플라즈마로 이온화시켜 건식 플라즈마에서 측면을 분리할 수도 있다. 이 경우 건식 플라즈마 측면 분리공정은 적체하는 웨이퍼 사이의 간격이 발생하면 플라즈마가 전면에 n-형 도핑층까지 식각을 하기 때문에 pn 접합 확산공정 바로 직후에 처리하는 것이 바람직하다.

[그림 9.10] Laser Edge Isolation(사진변경)

도핑공정을 통해 웨이퍼의 모든 표면이 n층으로 연결되어 있으므로 p-n 접합을 이용하기 위하여 연결된 n층을 분리시키는 공정이다. 측면 분리가 잘 되지 않을 경우 p-n 접합으로 누설전류가 분리되지 않은 n층으로 직접전류가 흐른다. 누설전류가 많아지면 병렬저항 성분이 작아진다. cell tester에서 Rsh가 늦을 경우 제일 먼저 pn 접합 분리 공정을 검사한다.

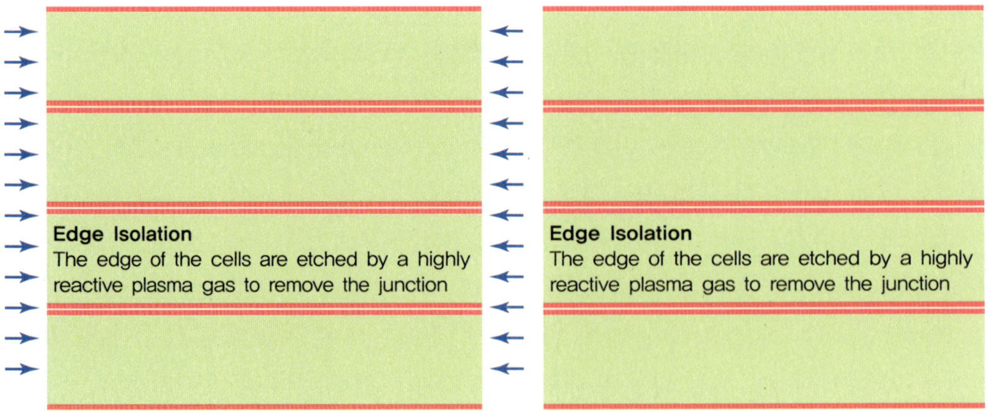

[그림 9.11] Edge Isolation Process

9.2.8 Solar Cell 측정

Solar Cell 제조 공정이 끝나면 효율에 따른 성능평가 및 분류가 진행된다. 성능평가는 온도 25℃, 태양광 스펙트럼은 AM1.5(AM1.5G) 조건에서 조사강도는 1KW/㎡이다. 분류 기준은 효율, 전류, 전압 등의 태양전지 특성변수와 반사방지막 코팅 가변에 따른 칼라와 웨이퍼의 기계적 결함을 분류 변수로 포함하여 분류가 가능하다. 분류 기준이 중요한 이유는 태양전지가 모듈로 제품화되면, 특히 모듈화 과정에서 전류 성능이 떨어지는 전지가 한 개만 있어도 직렬연결 특성상 가장 낮은 태양전지의 전류 특성을 모듈이 갖기 때문에 전압 0.5V에서 전류값에 따른 분류가 필요하다. 효율분류는 절대치로 0.2~0.5%까지 회사별로 다양한 분류가 가능하다.

Solar Cell 효율은 단위 면적당 입사하는 빛 에너지와 태양전지 출력의 비율로 정의되며, 1SUN 100mW/cm^2 기준 테스트 조건에서 태양전지의 출력은 개방전압(Voc)과 단락전류(Isc) 그리고 곡선인자(FF)를 곱한 값이다.

양자효율, 수집효율(Quantum Efficiency, Collection Efficiency)은 단위 시간에 태양전지에서 외부회로로 흘러나오는 전자 수와 태양전지에 입사된 광자의 수에 대한 비율이다.

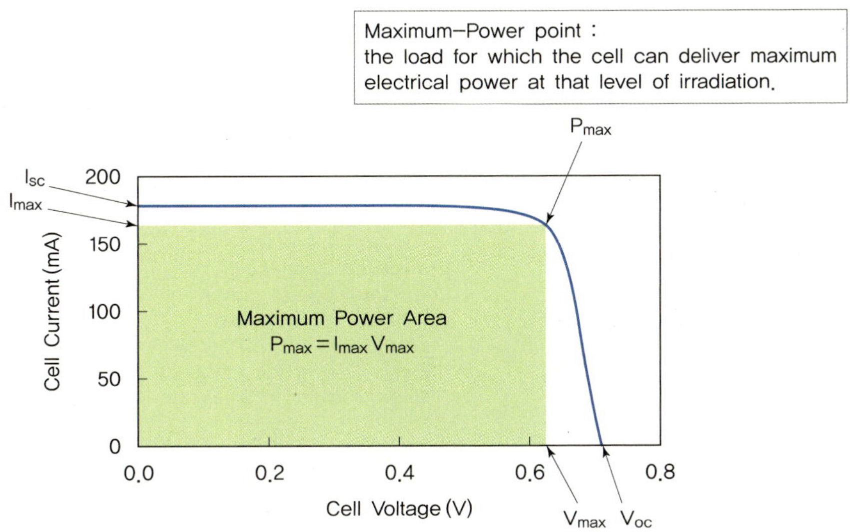

$$(\%) = \frac{P_{max}}{E_{in} \cdot A_{cell}} \qquad FF = \frac{P_{max}}{V_{oc} \cdot I_{sc}}$$

[그림 9.12] 변환효율측정 I–V

Standard Test Conditions

온도	25℃
방사 조도	1000 W/m²
분광 분포	AM 1.5 전천 일사 태양광

(1) 자연광 조사 (Natural Sun) → **Outdoor Measurement**

(2) 인공 조명 (Solar Simulator) → **Watt Power (W_p)**

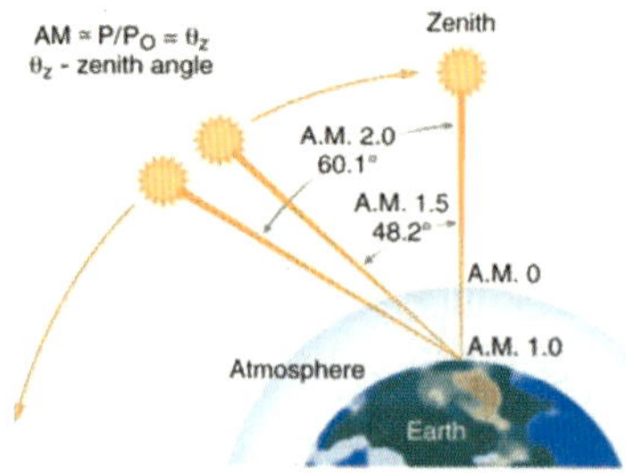

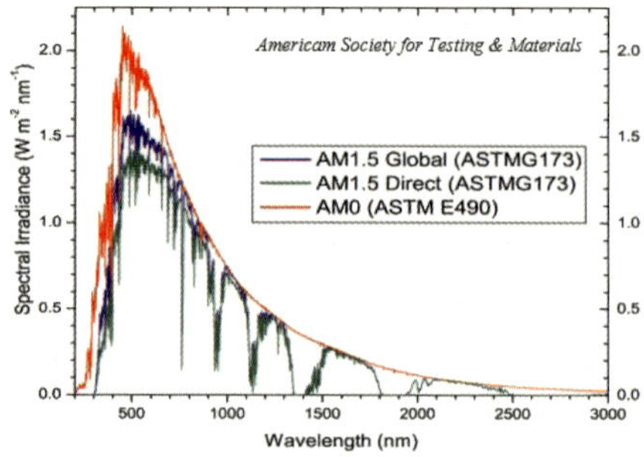

[그림 9.13] Solar Cell Test 조건

$$\text{양자효율} = \frac{\text{단락전류/전자의 전하}}{\text{단위시간당 입사된 광자의 수}}$$

태양전지 표면에서 반사된 빛을 제외하여 보정한 것을 내부양자효율(IQE), 보정하지 않은 것을 외부양자효율(EQE)이라고 부른다.

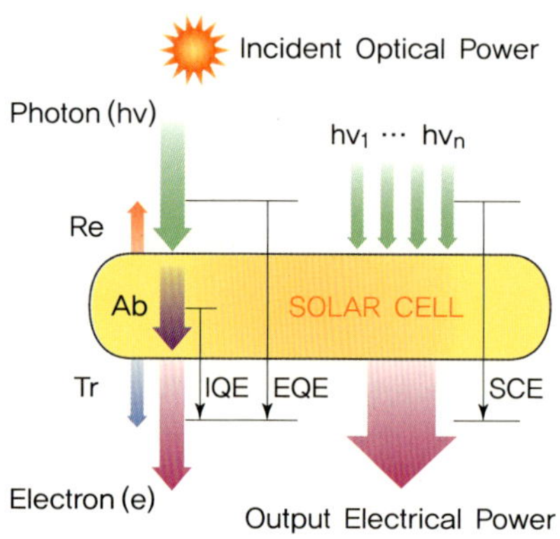

Conversion Efficiency:
The Percentage of power converted and collected
–Solar Conversion Efficiency
–Energy Conversion Efficiency
–Power Conversion Efficiency

Quantum Efficiency: The percentage of photos converted to electical current
External QE: The fraction of incident photons converted. ⟶ IPCE
Internal QE: The fraction of Absorbed photons converted. Incident Photons to Current Efficiency

[그림 9.14] Quantum Efficiency의 측정

9.3 실습 준비물

- 6인치 태양전지 Bare 웨이퍼(156mm × 156mm)
- Al, Ag 솔라셀용 페이스트, MESH
- 솔라셀 턴키시스템 장비
- Gas Scrubber, Gas Caninet 유틸리티 장비
- 초순수(DI Water), 질소(N_2)
- 웨이퍼 Tweezer
- 보호용 테프론 장갑 및 앞치마
- 보안경, 마스크

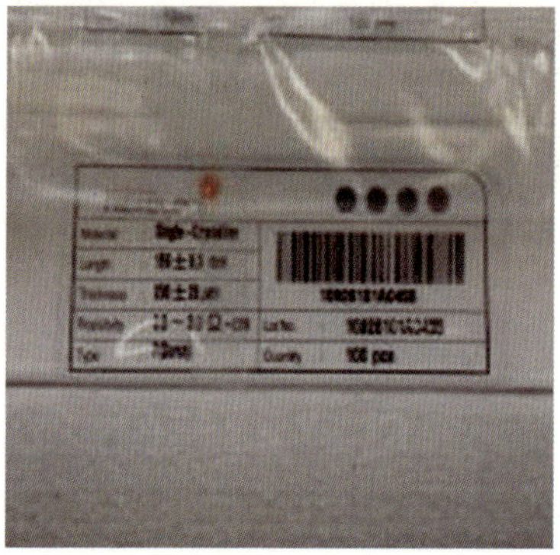

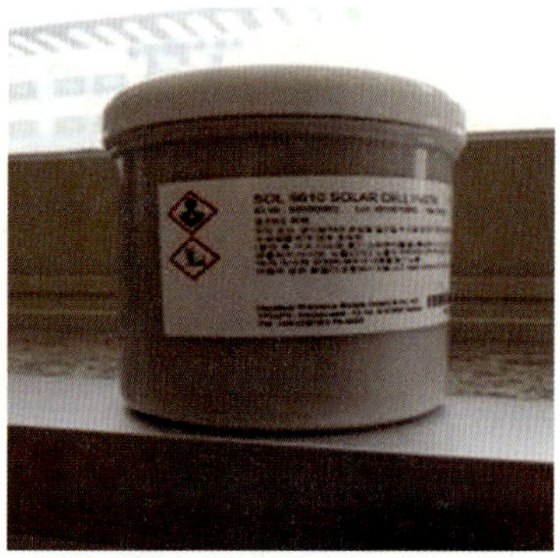

[그림 9.15] Bare 웨이퍼 및 Ag Paste 실습재료

9.4 실습 순서

태양전지용 웨이퍼는 반도체 웨이퍼와 달리 잉곳(ingot)에서 웨이퍼 절단 후 간단한 세정만을 수행한 후에 공급된다. 따라서 웨이퍼 표면에는 절단과정 중 발생하는 불순물과 미세균열과 같은 표면 손상이 발생한다. 실습에 사용한 웨이퍼는 CZ, P-type(Boron doped) Mono-crystalline, 비저항(Resistivity)이 0.5~3.0 Ω·cm, 두께가 200±20μm이며, 셀 사이즈는 156 × 156mm를 사용하였다.

[그림 9.16] 실험에 사용된 웨이퍼

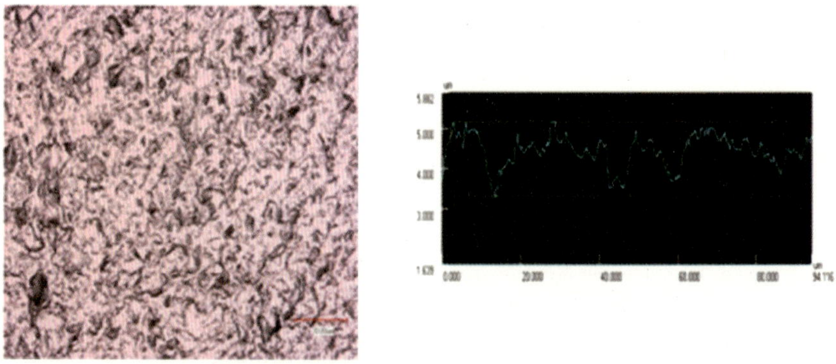

[그림 9.17] 웨이퍼 표면 사진 및 거칠기

그림 9.16는 웨이퍼 샘플 사진을, 그림 9.17은 표면 분석 결과를 나타내었다. 웨이퍼는 약 1.8μm 정도의 roughness를 나타내었다.

9.4.1 웨이퍼 SDR 및 Texturing 실습

본 실습에서는 거의 모든 회사들이 양산공정에서 사용하고 있는 습식식각을 이용한 Texturing 방법을 사용한다. 단결정 실리콘 웨이퍼이므로 알칼리 용액을 사용한 이방성 식각을 사용하였다.

실리콘 식각법에서 특정 면을 다른 면에 비해 빨리 용해시키는 것을 이방성(anisotropic) 또는 방향성 식각이라고 한다. 다이아몬드 격자 구조에서는 (111)면이 (100)면보다 원자가 훨씬 조밀하게 밀집되어 있으므로 (111)면의 식각 속도가 더 느리다. 실리콘 표면에 임의로 생성되는 기포가 식각을 느리게 하는 특성을 이용하여 KOH나 NaOH와 같은 알카리 용액으로 실리콘 표면을 Texturing할 수 있다.

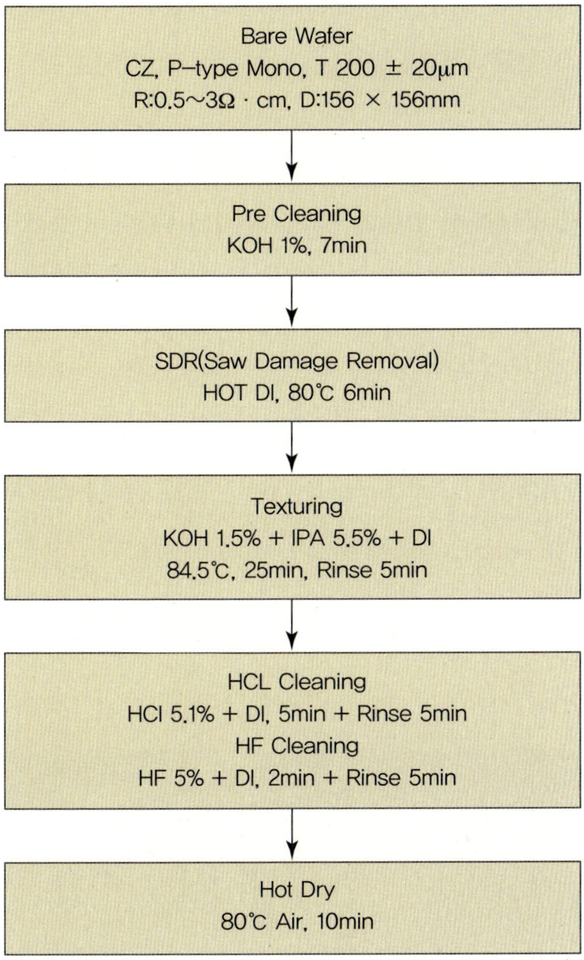

[그림 9.18] Texturing 공정 실습 흐름도

형성된 피라미드 사면체의 크기는 약 10μm 정도가 광학적으로 우수하나, 양산시에 큰 피라미드는 파손 증가와 FF(곡선인자) 감소를 발생하기 때문에 수μm 정도가 생산에 유리하다. 식각 조건은 용액의 구성, 농도, 온도 및 식각 시간에 따라서 좌우된다. 또한 용액 내 생성되는 기포의 밀도, 실리케이트(silicate) 생성량, 식각 중의 기포 발생 정도, 증발 정도, 배기 속도 등의 조건을 최적화하여야 한다.

본 실습에서 KOH를 사용하고 Texturing은 수용액이 대부분 초순수(DI Water)이므로 실리콘 표면장력(70)이 커서, 표면장력을 낮게 하는 표면적심(Surface Wetting) 개선용으로 IPA를 10% 이상 사용한다. 또한, 온도 80℃ 이상에서는 IPA가 휘발하여 주기적으로 보충하지 않으면 Texturing에 균일성이 떨어지고 단락전류의 저하를 가져오기 때문에 IPA를 공정중 보충해준다.

(1) 1~3단계는 Wet-Station 장비를 사용하여, Texturing 공정을 위한 준비 단계이다.

장비는 8개의 Bath로 구성되어 있는데 Bath#1은 Pre CLN1(KOH), Bath#2는 SDR(Hot DI), Bath#3은 Alkali Texture(KOH+IPA+DI), Bath#4는 Pre $CLN_2(H_2SO_4+H_2O_2)$, Bath#5는 Acid Texture($HF+HNO_3$), Bath#6는 CLN1(HCl), Bath#7은 CLN_2(HF) Bath#8은 Hot Blow로 구성되어 있다. 또한, DI Water(초순수) 공급을 위한 DI Water Supply 및 RO(Reverse Osmosis) 및 UP(Ultra Pure) Tank로 구성되어 있다.

① 장비에서 공정을 진행하기 위해, 각각의 Bath 순환 Pump 및 Heater, 제어장치 등 장비를 가동한다.

② 온도 Controller를 이용하여, SDR(80℃), Texturing(84.5℃) 및 Hot Dry Bath(80℃)의 온도를 설정한다.

[그림 9.19] 교육용 Solar Texturing 장비

(2) 3~5단계는 장비를 사용하여, Texturing 공정을 위한 단계이다.

③ 표 1-1의 Texturing 공정 실습 순서에 맞게 단계적으로 공정을 진행한다.

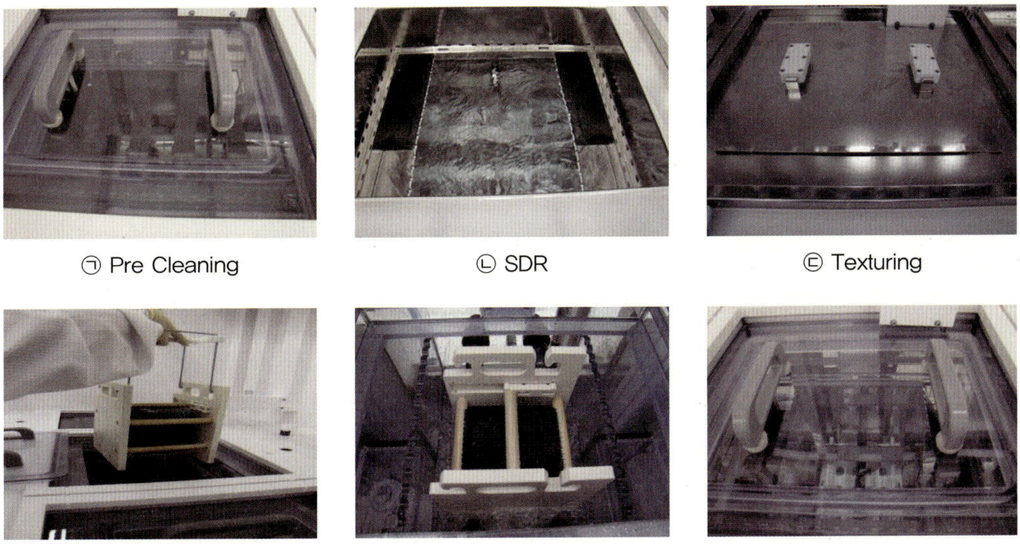

㉠ Pre Cleaning　㉡ SDR　㉢ Texturing
㉣ HCl Cleaning　㉤ HF Cleaning　㉥ Hot Dry

[그림 9.20] Wet-Station을 이용한 Texturing 공정

④ Texturing 및 Cleaning 후에는 DI Water를 이용하여, Wafer를 충분히 Rinse한다.

⑤ Hot Blow를 이용하여, DI Water를 건조시킨다.

(3) 6~8단계는 공정 후 웨이퍼를 측정하고 장비 정리를 위한 단계이다.

⑥ Texturinig 공정은 최적의 Pyramid 형성을 하고자 유량 및 유속, 공정 시간, 용액의 구성 및 농도를 변수로 지정하여 실습한다.

- 공정 조건: 온도 84.5℃, 시간 23min, Texturing 수용액 고정, 유량 · 유속 多
- Texturing 수용액: KOH(농도: 45%) +IPA + H_2O = 2:8:90(Volume%)

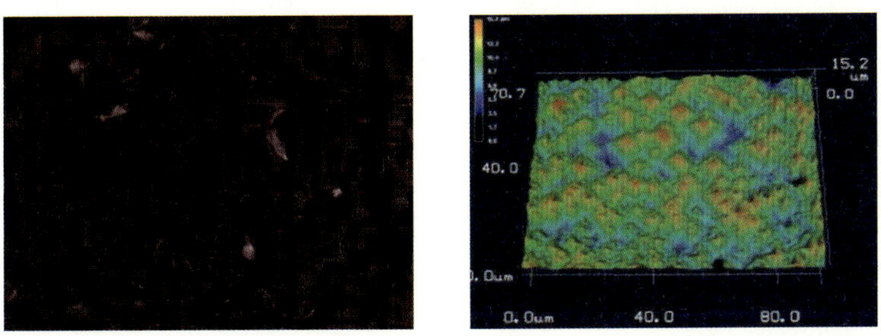

[그림 9.21] 3D 현미경을 이용한 Texturing 공정결과 이미지

〈표 9.1〉 3D Texturing 공정결과 Pyramid 크기

Profile1	Horz. dist.	Hght. diff.	Hght. ave.	Angle	C.S. length	C.S. area
All	94.116μm	0.740μm	10.992μm	0.450°	155.339μm	533.538μm²
Seg.1	10.457μm	4.665μm	13.061μm	24.040°	15.130μm	24.361μm²
Seg.2	5.427μm	4.268v	12.916μm	38.183°	8.771μm	41.184μm²
Seg.3	9.001μm	4.732μm	12.174μm	27.732°	12.573μm	25.146μm²
Seg.4	5.560μm	4.656μm	11.768μm	39.947°	7.745μm	36.138μm²
Seg.5	8.737μm	4.732μm	11.156μm	28.442°	12.875μm	23.748μm²
Seg.6	6.089μm	4.673μm	10.697μm	37.502°	9.275μm	33.088μm²
Max.	10.457μm	4.732μm	13.061μm	39.947°	15.130μm	41.184μm²
Min.	5.427μm	4.268μm	10.697μm	24.040°	7.745μm	23.748μm²
Ave.	7.545μm	4.621μm	11.962μm	32.641°	11.061μm	30.611μm²

⑦ 그림 9.22는 실험 조건 KOH(45%):IPA:H_2O = 2:8:90, 84.5℃, 23min, 유량 많음)에서 제조된 샘플의 SEM 사진이다. 피라미드가 균일하게 형성되어 있음을 알 수 있다. 피라미드 높이는 7μm 정도이다.

[그림 9.22] 실습조건에서 제조된 Texturing SEM 사진

⑧ 실습 결과를 종합하여 보면, KOH(2%):IPA:H_2O = 2:8:90의 Texturing 수용액에서 84.5℃, 23min간 유량이 많고 흐름이 활발한 부분에서 진행한 결과가 가장 우수하였다. 이 실습을 통하여 단결정 실리콘 솔라셀 제작에 적용하여 광 흡수율을 높이고, 효율을 향상시킬 수 있다.

⑨ 모든 공정이 완료된 후, Chamber Door를 닫고 안전을 위해 장비 전원을 차단한 후, 장비상태를 확인한다.

9.4.2 POCl3 Furnace & PSG 제거 실습

POCl3 Furnace는 156mm 양산용 장비로 Heating coil을 사용하여 대략 12℃/min(Max. 25℃/min) 속도로 온도를 올리며, Tube의 각 Zone(Front, Center, Rear)의 내 · 외벽에 각각 3개의 온도센서를 가지고 있다. Doping 소스로 POCl3 액체를 사용하고, 기타 O_2, N_2 gas도 사용하므로 각 gas를 제어할 수 있는 MFC와 POCl3 Bubbler가 장착되어 있다.

(1) 1~5단계는 POCl3 Diffusion Furnace 장비를 사용하여, Texturing 공정을 위한 준비 단계이다.

① Furnace 장비의 전원과 프로그램을 On시킨다.

② 온도 Controller를 이용하여, Furnace Tube Loading 온도를 Setting한다(500℃).

③ Auto Loader의 in/out 스위치를 사용하여 웨이퍼를 장착한 Boat를 Tube에 Loading한다.

④ POCl3 Bubbler의 온도(20℃)를 확인하고, Valve를 Open한다.

⑤ O_2 Gas의 Valve를 Open한다.

㉠ Loading ㉡ Bubbler ㉢ O_2

[그림 9.23] Diffusion Furnace 실습장비

(2) 6~7단계는 장비를 사용하여, Texturing 공정을 위한 단계이다.

⑥ Controller를 작동하여 실습할 Recipe를 Down Loading한 후, Auto Run 버튼을 눌러 Loading한 Recipe를 실행시킨다.

⑦ 다음의 공정 진행 순서에 맞게 동작하는지 Step별 Recipe 동작 상태를 확인한다.

(3) 8~14단계는 공정 후 웨이퍼를 측정하고 실습결과를 확인하기 위한 단계이다.

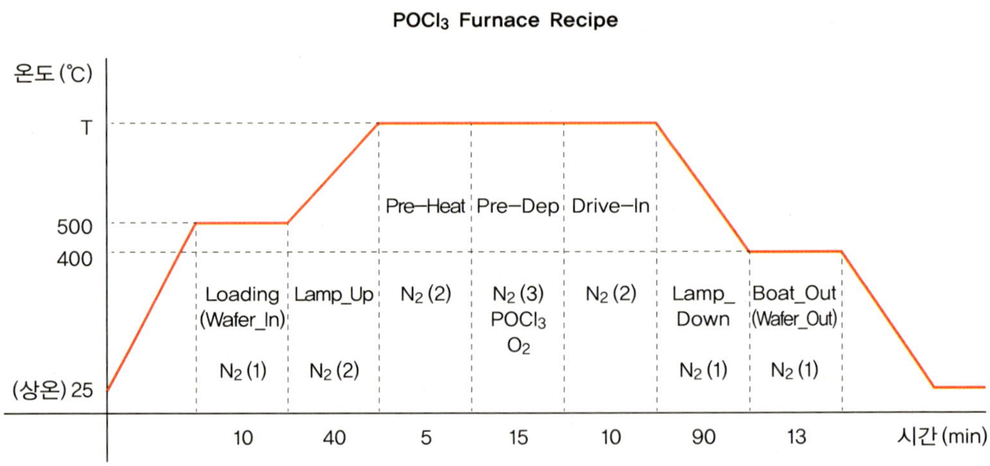

[그림 9.24] Diffusion 공정조건

POCl3 Doping(50 Ω), Junction Depth = 0/5μm(☞ 총 공정시간 – 1시간 30분)

- Pre Deposition 온도(T); Front(780℃), Center(780℃), Rear(780℃)
- Drive in 온도(T); Front(835℃), Center(835℃), Rear(835℃)
- GAS; $POCl_3$(1.2L), O_2(0.6L), N_2(6L)
- Process Time; Pre-dep 15분 / Drive-In 10분

※ Boat_Out 시의 실제 온도는 700℃ 정도이며, Boat_Out 후 30분 정도 웨이퍼를 식힌다.

⑧ 공정이 완료된 후, Tube 및 Boat의 온도가 200℃ 이하로 내려 간 후, 웨이퍼를 Boat에서 Unloading한다.

⑨ Wet-Station 장비로 이동하여, Carrier에 웨이퍼를 넣고 PSG를 제거한다.

⑩ 4 Point-Probe 장비로 이동하여, 표면 면저항값을 측정한다. (53~55ohm/sq)

⑪ 현재 양산에서 많이 사용되는 Emitter층의 Junction Depth 0.5μm~0.6μm을 목표로 공정을 진행한다. 실습에서 이 조건에 맞는 Junction Depth를 구하기 위해 Tube(center)의 온도를 조절하여 그림 9.25의 POCl3 Diffusion 온도별 면저항(Rs) 경향을 구할 수 있다. 840℃ 정도에서 50~60Ω/sq 위 면저항을 얻을 수 있다.

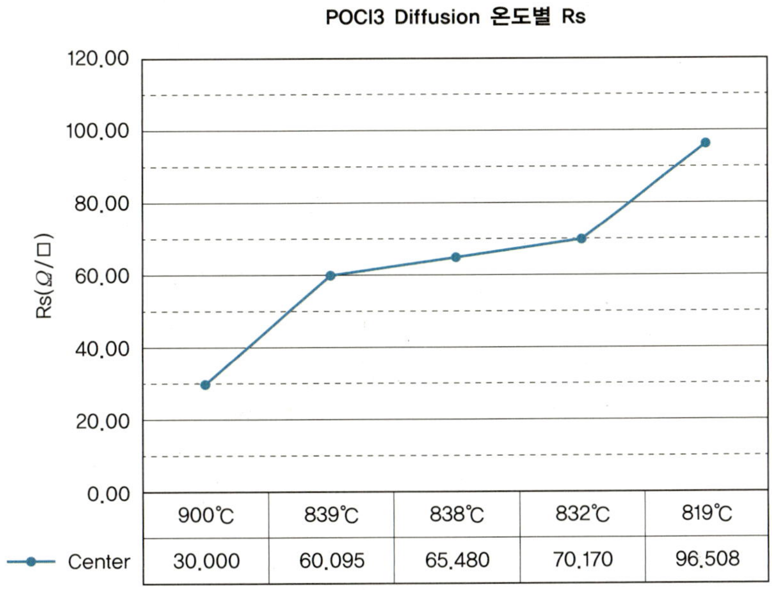

[그림 9.25] POCl3 Diffusion 온도별 면저항(Rs)

⑫ 그림 9.25에서 보는 것과 같이 공정 온도가 감소할수록 면저항 Rs는 커지는 것을 확인할 수 있다. 이것은 웨이퍼 표면의 P가 Si Substrate로의 확산이 느리게 되었다는 것을 나타내는 것으로 Junction Depth가 작다는 것을 의미한다. 아래와 같은 공정조건으로 진행한 결과, 면저항(Sheet Resistance) Rs가 53~55Ω/sq인 측정 결과를 얻을 수 있었다.

Pre-Deposition공정

- 온도(T); Front(780℃), Center(780℃), Rear(780℃)
- GAS; POCl3(1.2L), O_2(0.6L), N_2(6L)
- Process Time; 15분

Drive-In

- 온도(T); Front(835 ℃), Center(835 ℃), Rear(835 ℃)
- GAS; N_2(2L)
- Process Time; 10분

⑬ 그림 9.26의 4-Point Probe는 실리콘 웨이퍼의 Bulk 저항, 비저항 및 면저항을 측정하는 방법으로 시편 표면상에 4개의 접촉을 이용하여 측정이 이루어진다. 측정 원리는 그림 9.25에서 볼 수 있듯이 바깥쪽의 Probe를 통해 전류(I)를 인가하고 안쪽의 Probe로 전압(V)을 측정하여 측정된 2개의 요소를 계산하여 저항을 구하는 것이다.

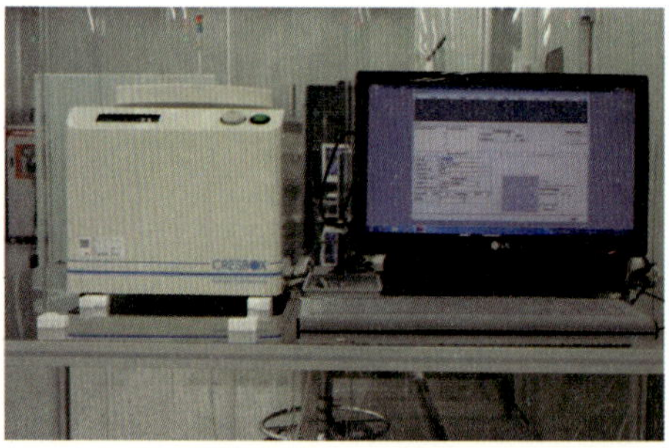

[그림 9.26] 면저항 측정에 사용된 4-Point Probe

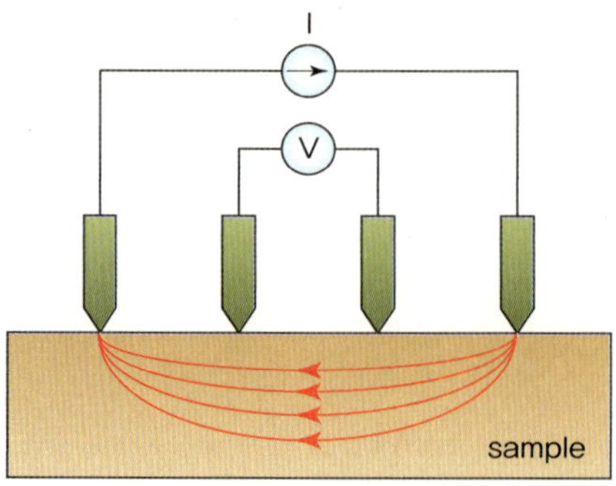

[그림 9.27] Four Point Probe 측정원리 및 결과

⑭ 그림 9.28은 제조된 시료의 Junction Depth를 분석한 SIMS Profile이다. B의 경우 1E16 정도로 균일하게 분포되어 있고, Junction Depth 가 0.5μm 정도임을 알 수 있다. 따라서 면저항 Rs가 50Ω/sq ~ 60Ω/sq일 때, Junction Depth는 0.5~0.6μm 라는 결론을 얻을 수 있다.

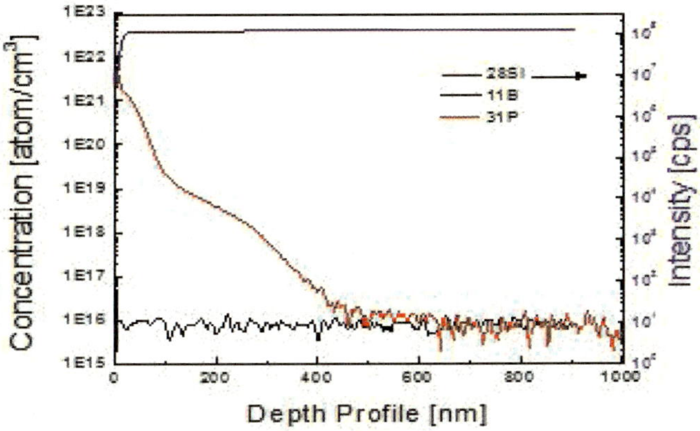

[그림 9.28] SIMS Profile

9.4.3 반사방지막 형성 실습

질화막(SiNx)을 형성하기 위해 PECVD장비(AMAT, P-5000)를 사용하였다. 반사방지막으로써 Cell 표면에 증착시킬 질화막(SiNx. Silicon Nitride)의 세부 공정 순서 및 조건을 나타내고 있다. 실제적으로 질화막이 증착되는 단계는 선증착과 증착 단계로써 이때 질화막의 반응가스로 사용되는 암모니아(NH_3)와 실란(SiH_4)이 PECVD장비인 P-5000의 반응 Chamber 안으로 질소(N_2) 가스를 따라 흘러 들어가게 된다. 반응 챔버 안으로 들어간 두 가스들은 RF Power에 의해 플라즈마 상태가 되어 Cell 표면에서 반응하여 질화막으로 증착하게 된다.

(1) 1~2단계는 PECVD System을 가동하기 위한 공정이다.

① PECVD System에서 공정을 진행하기 위해, 진공 Pump, Chamber 온도 설정 등 장비를 가동한다.

② 안정적인 공정진행과 안전을 위한 Gas Cabinet(SiH_4, N_2O, NH_3, CF_4, N_2)과 Gas Scrubber 등 유틸리티 장비를 가동하여, 공정진행을 위한 준비 작업을 한다.

(2) 3~8단계는 장비를 사용하여, 박막증착공정을 위한 단계이다.

③ Cassette Indexer에 실리콘 웨이퍼를 넣고 카세트를 고정한 후, 웨이퍼를 장비 내부로 Loading한다.

④ Storage Elevator로 웨이퍼를 거쳐 Orienter Chamber로 웨이퍼를 이송하여, 웨이퍼를 정렬시키고 Robot Blade를 사용하여, 공정을 진행할 Chamber로 웨이퍼를 이송한다.

⑤ 공정 Chamber 내에서 웨이퍼 위에 원하는 막이 증착될 수 있도록 Gases, Heat, 그리고 RF 에너지가 공정 Chamber 안으로 공급된다. P-5000 장비를 기준으로 질화막의 굴절률은 가스와 RF Power에 두께는 공정시간이 직접적으로 영향을 미치는 요소라고 할 수 있다. 실란(SiH_4)과 암모니아(NH_3)의 비율에서 실란의 비율이 커지면 굴절률이 증가하며 공정시간이 증가하면 막의 두께가 증가한다.

156mm × 156mm Cell에 막을 증착하기 위해서 따로 그림 9.29의 모양의 SIC(Silicon Carbide) 지그를 사용하여 공정을 진행한다.

[그림 9.29] 156mm × 156mm Cell용 SIC 지그

⑥ 다음의 단계로 Chamber 내부에서 공정이 진행된다.

- 반응 Chamber 안에 반응 Gas와 비반응 Gas 주입
- 반응 Gas가 웨이퍼 표면 위로 분사
- 반응 Gas가 웨이퍼 표면에 흡착
- 반응 Gas가 화학반응하여 웨이퍼 표면 위에 Film 형성
- 부산물 Gas가 반응 Chamber로부터 제거됨

⑦ 공정조건에 맞는 Recipe를 Loading하여 공정 Chamber에서 반사방지막 800Å을 증착한다.
증착시간 10초, Chamber 압력 4.5Torr, 플라즈마 Power 720W
공정가스 및 공급량 SIH_4 275sccm, N_2 4,000sccm, NH_3 1,000sccm

(3) 8~10단계는 공정 후 웨이퍼를 Unloading하고 장비 정리를 위한 단계이다.

⑧ 공정 Chamber에서 공정 진행이 완료된 후, 웨이퍼를 공정 Chamber에서 Robot Blade를 사용하여 Storage Elevator로 이송한 후, Index Cassette로 이송한다. (Process Chamber는 Chamber 오염 방지를 위해 CF_4, N_2O의 Gas를 사용하여 Cleaning을 진행한다.)

⑨ Cassette에서 웨이퍼를 Unloading 후, 박막 두께 측정 장비를 이용하여 증착한 막의 두께(Thickness), 균일도(Uniformity) 등을 측정한다. Setup한 공정 조건으로 질화막(굴절률 1.95~2.021) 증착 공정을 진행하였다. 그림 9.30은 막이 형성된 시료를 나타낸다.

[그림 9.30] 질화막(SiNx)이 형성된 시료

⑩ 모든 공정이 완료된 후, 안전을 위해 장비 Gas Line의 모든 공정 Gas를 배기시킨다.

9.4.4 Screen Printing 및 Drying 실습

스크린프린트는 망사(MESH)에 유제로 개구부가 형성된 스크린 마스크를 이용하여 Paste를 스퀴즈로 문질러 기판 표면에 패턴을 형성하는 방법으로 스크린프린트를 위한 Paste,스크린 마스크, 인쇄를 위한 스크린프린터로 구성된다.

Screen Printing 태양전지의 전체적인 광변환 효율을 결정짓는 것 중의 하나가 바로 실리콘과 직접적으로 contact하는 전극 paste의 성능 및 품질이다. 실제 direct printing에 사용한 metal paste conductor는 일반적으로 가장 널리 사용하는 전면의 Ag, 후면 BSF의 Al을 사용하였으며, 각각 독일 Heraeus와 국내 대주전자의 제품을 사용하였다. 이 제품들은 고온의 장시간에 걸친 열처리가 필요 없고, 양면 co-firing에 적합한 제품들이다.

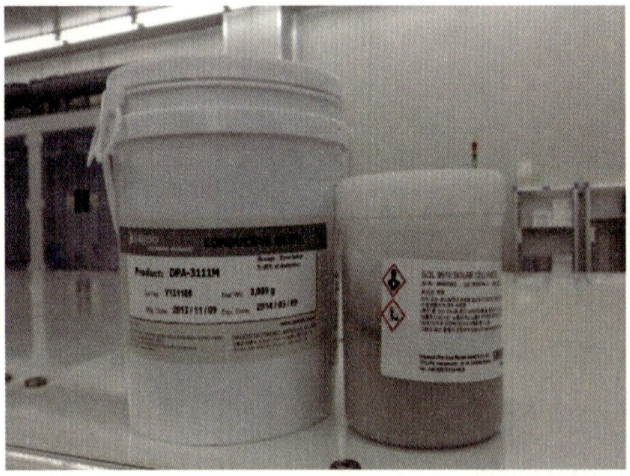

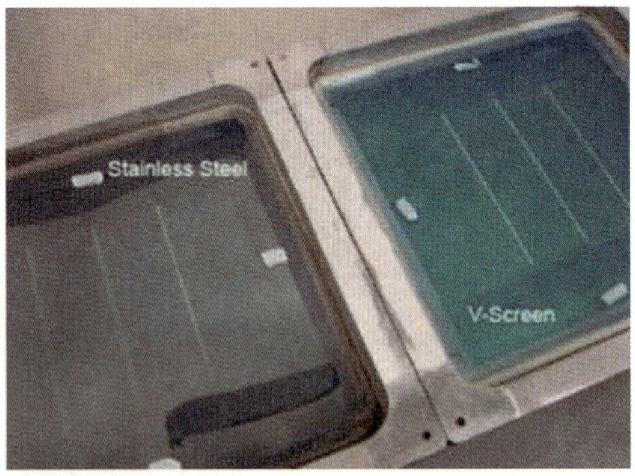

[그림 9.31] 전극형성용 Al, Ag 페이스트 및 MESH

실습에 사용될 pattern을 형성할 screen mask, 즉 Mesh는 단단한 합성직포나 알루미늄 플레임에 스테인리스 스틸 망사로 이루어져 있으며, 156mm × 156mm 크기의 cell 용으로 제작되었다.

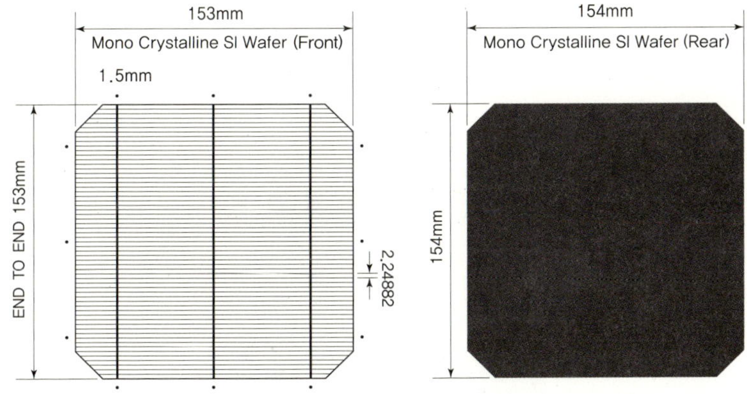

[그림 9.32] 스크린프린트 MESH 전극 Pattern

전면 전극은 모듈 제조시 전지간의 연결을 위한 1.5mm×153mm의 Bus bar 3개와 전자 수집을 위한 Finger는 2.2mm 간격으로 68개로 이루어져 있다. 후면 전극은 154mm×154mm의 BSF(Back Suface Field) 층으로 이루어져 있다.

(1) 1~2단계는 스크린프린터 장비를 가동하기 위한 준비 공정이다.

① 스크린프린터 장비의 전원 및 프로그램을 On시킨다.

② MESH를 장착한 후, 후면 Paste를 도포한다. (전면 Silver, 후면 Aluminum)

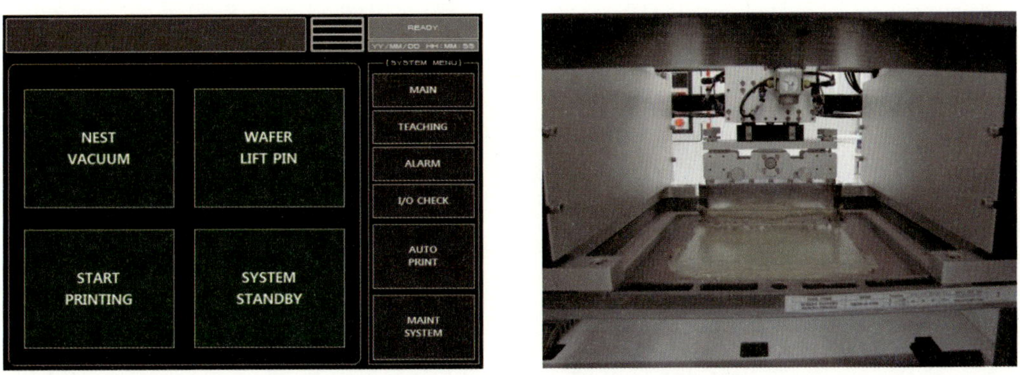

[그림 9.33] 스크린프린트 장비 및 Paste 도포

(2) 3~11단계는 장비를 사용하여, 박막증착공정을 위한 단계이다.

③ Vacuum Chuck에 웨이퍼를 고정하여 Vision Align을 수행한다. (전면 Silver, 후면 Aluminum)

[그림 9.34] Vision Align

④ 스퀴즈와 웨이퍼를 일정한 높이로 맞추어야 한다. 높이가 다를 때에는 인쇄에 영향을 줄 수 있으므로 주의한다. (Z축의 높이를 장비에 장착된 마이크로 미터를 이용하여 미세 조정한다.)

⑤ START PRINTING 버튼을 누르면 자동으로 Vacuum Chuck은 프린터 위치로 이동하여 프린트가 완료되면, Loading 위치로 되돌아온다.

⑥ 프린트가 완료되면, Vacuum Chuck에서 웨이퍼를 Unloading한다.

⑦ Dryer에 건조온도(후면 Al 건조온도 240℃, 전면 Ag 건조온도 230℃)를 설정한 후 Belt의 동작 및 후프린트된 웨이퍼를 Loading한다.

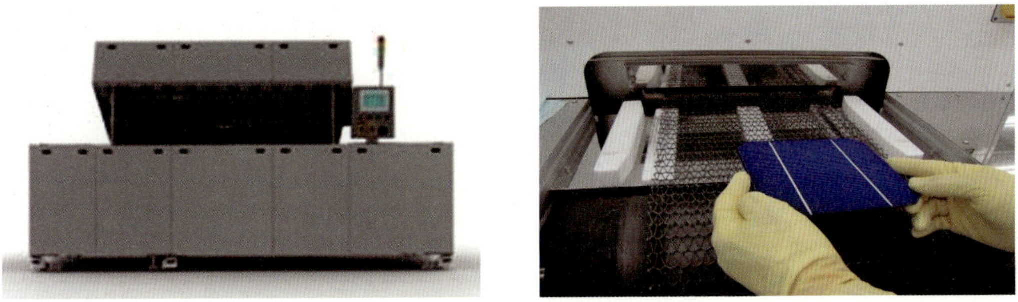

[그림 9.35] 솔라셀 Dryer 및 Belt

⑧ Dryer에 Belt에 Loading후 Belt 속도(후면 Al 60mm/s, 전면 Ag 70mm/S)를 설정한 후, 후면은 Paste Dry 공정을 진행하여 건조 및 Paste내 솔벤트를 제거한다.

⑨ Dry 공정 완료 후 열차단용 보호 장갑을 착용하고, 웨이퍼를 Unloading한다.

⑩ 전면 Ag 스크린프린트 공정을 위해 ①~⑨의 순서를 Ag 스크린프린터, Ag Dryer 장비로 이동하여 전면전극 인쇄를 진행한다.

⑪ 공정 후 웨이퍼를 Unloading하고 수행한다. 스크린프린트 공정실습 조건은 다음과 같다.

- Front side(전면접촉용); SOL9610, Ag paste(Ag Thickness 15~20μm)
- Rear side(후면전계형성용) AL DSCP-A100, Al paste(Al Thickness 30~40μm)
- 공통(Ag 400 MESH, Al 200 MESH)

(3) 12~13단계는 공정 후 공정결과를 확인하는 단계이다.

⑫ 수행한 결과 공정실습조건은 다음과 같다. 형성된 전극은 그림 9.36과 같이 cell을 조각낸 후, 수직으로 세워서 컬러 3D 레이저 현미경을 이용하여 20배의 렌즈 비율로 두께를 측정하였다.

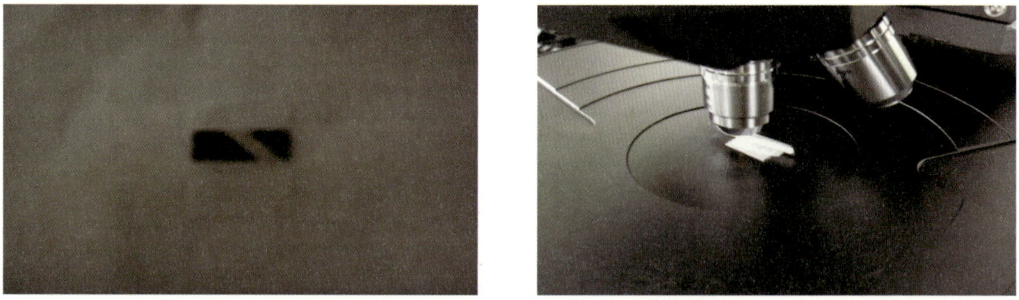

[그림 9.36] Cell 조각 시편 및 두께 측정

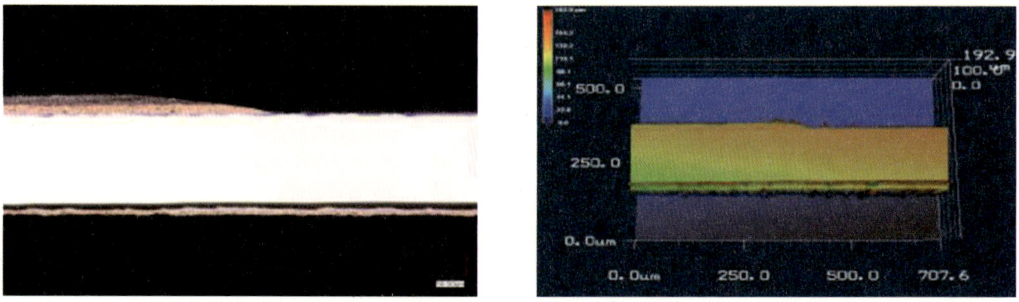

[그림 9.37] Paste가 형성된 상태 및 두께 프로파일(전면Ag, 후면 Al)

⑬ 그림 9.38은 건조공정 후 paste의 도포된 상태를 나타내고 있으며, 표 9.3은 그 두께의 크기를 나타내고 있다. 그리고 BSF형성을 위한 도포된 Al의 두께는 약 36μm 정도 cell 표면에 도포되었다.

〈표 9.2〉 Dry 공정 후 도포된 각 paste 두께

	전면전극(Ag)	BSF(Al)
Dry 공정 후 두께	25.8μm	35.9μm

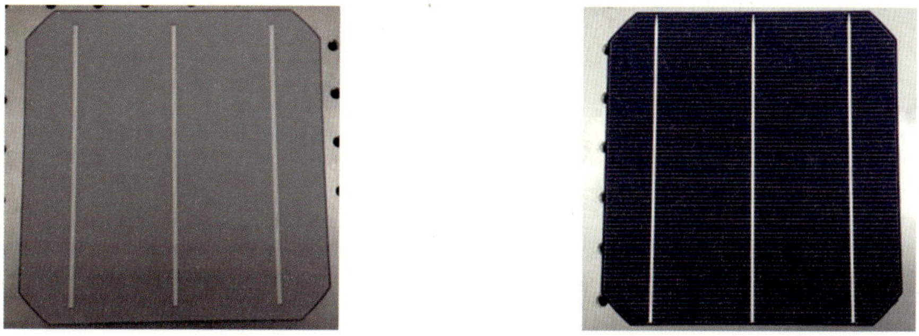

[그림 9.38] 건조공정이 완료된 후면 Al, 전면 Ag 전극

9.4.5 Firing 실습

Firing은 800℃ 정도의 고온공정으로 그 역할은 다음과 같다. 전면에 형성된 Paste가 반사방지막을 확산해 n+ emitter에 접촉시키고, SiNx 내 hydrogen이 emitter쪽으로 확산해 dangling bond, defects와 결합시키고 표면재결합(Surface passivation)을 감소시키는 역할을 한다. 그리고 후면에 형성된 Paste가 실리콘을 확산해 p base에 접촉하고 BSF(Back Surface Field)를 형성시켜 후면 재결합 감소시킬 수 있다.

(1) 1~3단계에 따라 Firing 장비를 가동하고 공정을 진행한다.

① Firing Furnace 장비의 전원 및 프로그램을 On시킨다.

② Firing 장비의 각 Heating Zone의 온도와 Belt 속도를 설정하고 확인한 후, 웨이퍼를 Loading한다. (조건 620℃ -690℃ -765℃ -865℃ -975℃, 110mm/s)

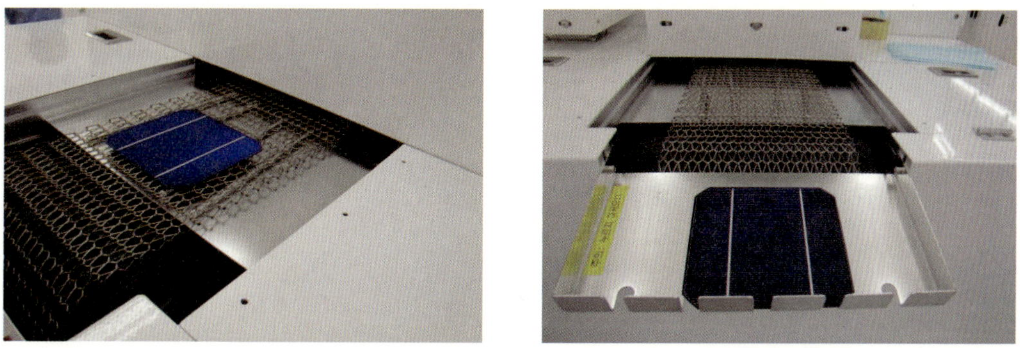

[그림 9.39] Loading & Unloading

③ Firing장비의 각 Cooling Zone을 통과한 웨이퍼의 온도(40℃ 이하)를 온도 Detector로 확인한 후, 웨이퍼를 Unloading한다.

(2) 4~5단계는 공정 후 공정 결과를 확인하는 단계이다.

④ 공정 후에는 Heater를 모두 Off하고, Heating Zone의 온도가 300℃ 이하가 되었을 때 Belt를 정지시킨다.

⑤ Air Purge, Air Cooling Valve 및 장비 전원을 Off한다.

9.4.6 Edge Isolation 실습

(1) 1~5단계는 Laser Scribe 장비를 가동하기 위한 준비 공정이다.

① Laser Scribe 장비의 전원 및 프로그램을 On시킨다.

② MESH를 장착한 후, 후면 Paste를 도포한다. (전면 Silver, 후면 Aluminum)

③ UPS, Chiller의 동작 상태와 Vision PC의 프로그램 상태를 확인한다.

④ Laser Controller Power On시킨 후, Diode On과 Q-SW를 활성화시킨다.

⑤ Manual 화면에 Laser Current(Power)와 PRF(Khz)를 변경한다.

(예열을 위해서 처음에는 30~35A, 50Khz로 하고, 장비를 사용할 때에는 40A, 50Khz로 사용한다.)

(2) 6~9단계는 Laser를 사용하여, Isolation 공정을 진행하고, 결과를 확인하는 단계이다.

⑥ Firing이 완료된 웨이퍼를 Chuck 위에 Loading한다.

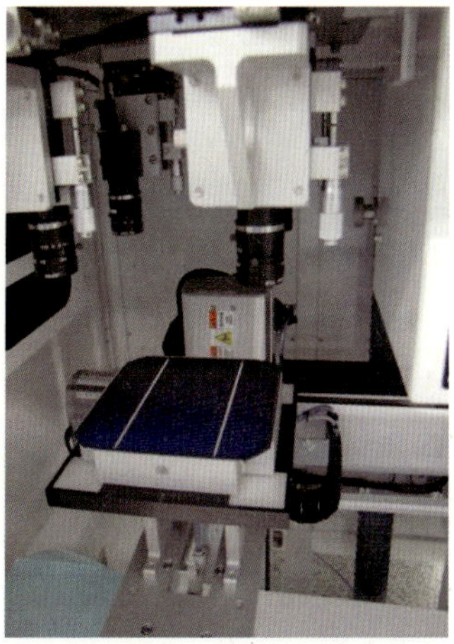

[그림 9.40] 웨이퍼 Loading

⑦ Edge Isolation 작업을 시작하고 공정 완료 후, 웨이퍼를 Unloading 하고 현미경으로 Edge Isolation 상태를 확인한다.

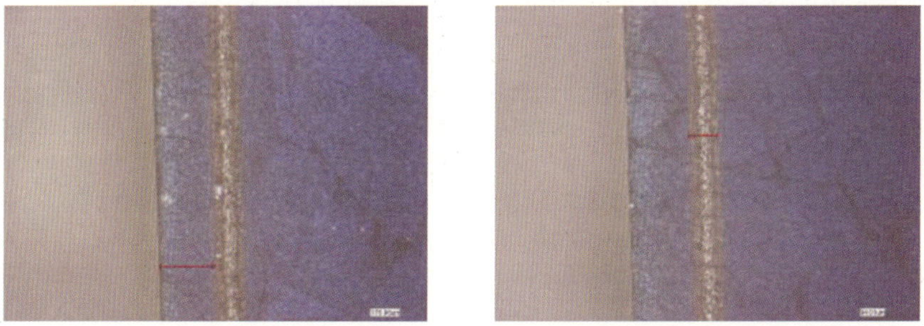

[그림 9.41] Edge Isolation 작업 후 표면상태

⑧ 일반적인 양산 Cell을 관찰 시 측면에서 200~500um 정도에서 p-n 접합 분리가 적용되고 있으며, 실습은 Edge에서 200um 범위 Width는 100um, Depth는 30um 정도로 공정이 진행되었음을 확인할 수 있다.

⑨ 효율 측정장비를 이용하여 Edge Isolation 공정 전후의 웨이퍼를 비교했을 때 Cell 효율의 차이를 비교해 본다.

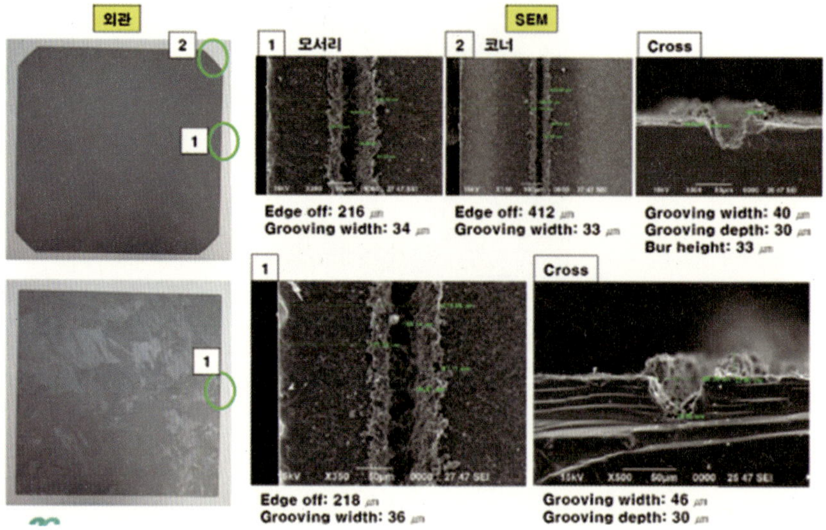

[그림 9.42] SEM을 이용한 Edge Isolation Cell 상태 측정

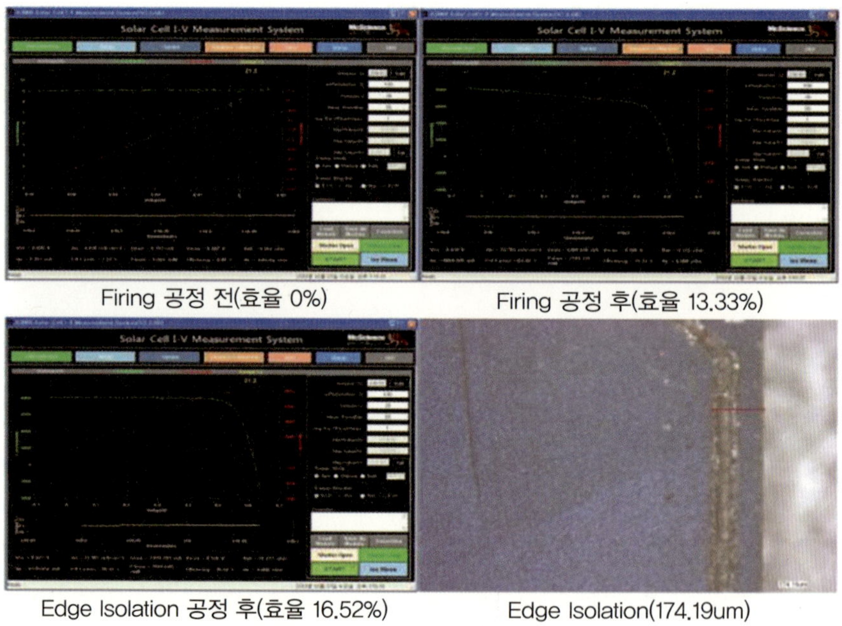

Firing 공정 전(효율 0%)　Firing 공정 후(효율 13.33%)

Edge Isolation 공정 후(효율 16.52%)　Edge Isolation(174.19um)

[그림 9.43] Edge Isolation 전 · 후 효율 측정

9.4.7 Solar Cell 변환효율 측정실습

그림 9.44는 측정에 사용된 Solar simulator이다. 표준광(AM 1.5, 1KW/m²)을 사용하여 효율 등 각종 전기적 파라미터를 측정하게 된다.

[그림 9.44] Solar Simulator 및 IV 측정 장비

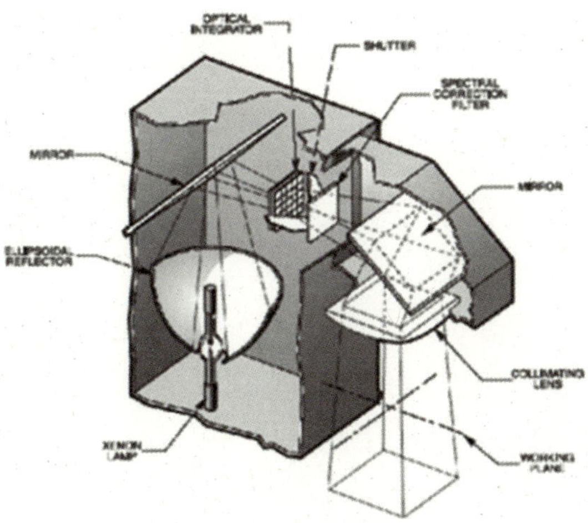

[그림 9.45] Solar simulator 개념도

(1) 1~4단계는 효율측정 장비를 가동하고 효율을 측정하는 단계이다.

① 장비 전원 및 Simulator Lamp를 켠 후, 광안정화 시간을 30분 정도 갖는다.

② 검증된 Master Cell을 이용해 장비 Isc값을 보정해주고 측정하고자 하는 Cell을 Loading 한다.

③ 장비 프로그램을 실행한 후, 장비와 연결하고 Mono, Multi Cell 종류에 따라 측정 Module을 선택하고, Cell Size를 입력한다.

④ Cell 측정 시작하여 I-V Curve 곡선 및 전기적 파라미터 값들을 측정한다.

(2) 5~6단계는 변환효율을 측정한 Cell의 결과를 확인하는 단계이다.

⑤ 프로그램상의 I-V Curve 곡선 및 Isc, Voc, Pmax, Fill Factor 효율 등 측정 결과를 확인한다.

⑥ 그림 9.46은 제조된 셀의 측정 결과를 나타내고 있다. 측정값은 Voc 0.63V, Isc 8.8A, Pmax 4.5W, Fill Factor 80%, 효율 18.88%를 나타내어 비교적 잘 동작하고 있음을 알 수 있다.

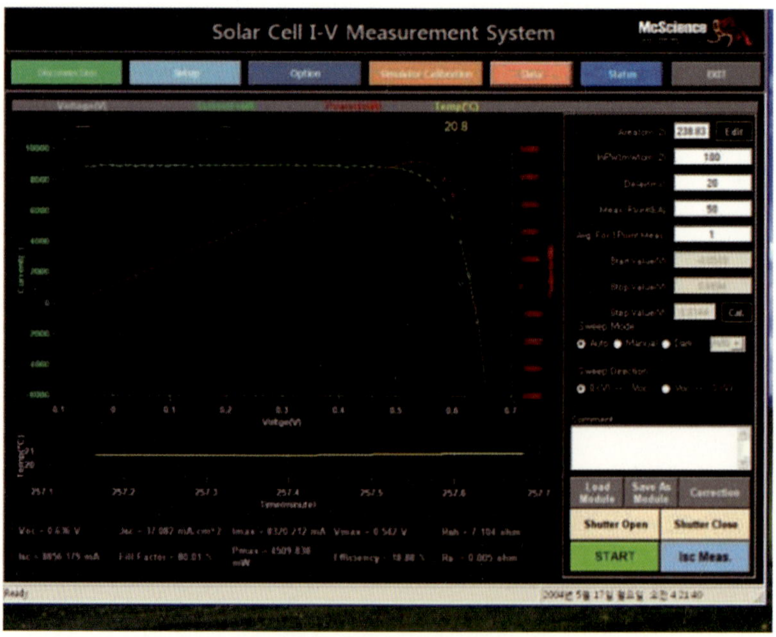

[그림 9.46] 측정 결과

9.4.8 Solar Cell 양자효율 측정실습

양자효율, 수집효율(Quantum Efficiency, Collection Efficiency)은 단위시간에 태양전지에서 외부회로로 흘러나오는 전자 수와 태양전지에 입사된 광자의 수에 대한 비율이다.

$$양자효율 = \frac{단락전류/전자의\ 전하}{단위시간당\ 입사된\ 광자의\ 수}$$

태양전지 표면에서 반사된 빛을 제외하여 보정한 것을 내부양자효율(IQE), 보정하지 않은 것을 외부양자효율(EQE)이라고 부른다.

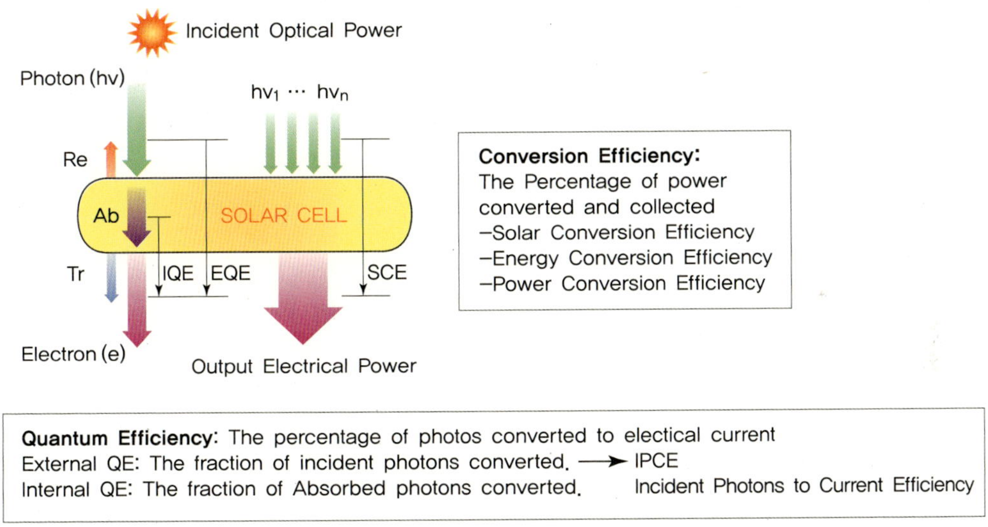

[그림 9.47] 양자효율의 측정

그림 9.48은 양자효율 측정에 사용된 IPCE 장비이다. 입사된 빛(태양광)을 Photovoltaic에 비추어 파장(300~1100nm)에 따른 QE값을 측정하게 된다.

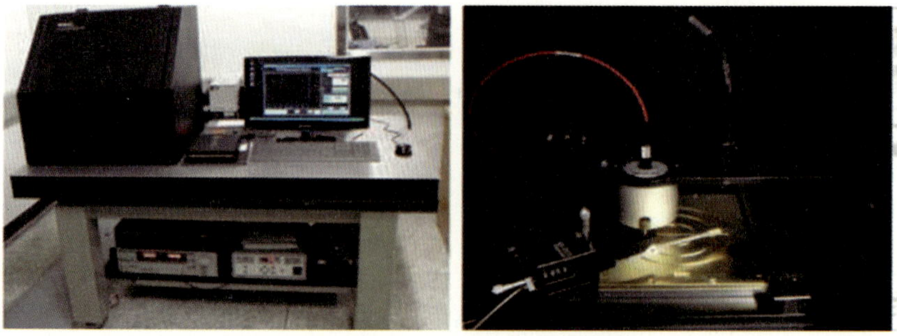

[그림 9.48] 양자효율 측정장비

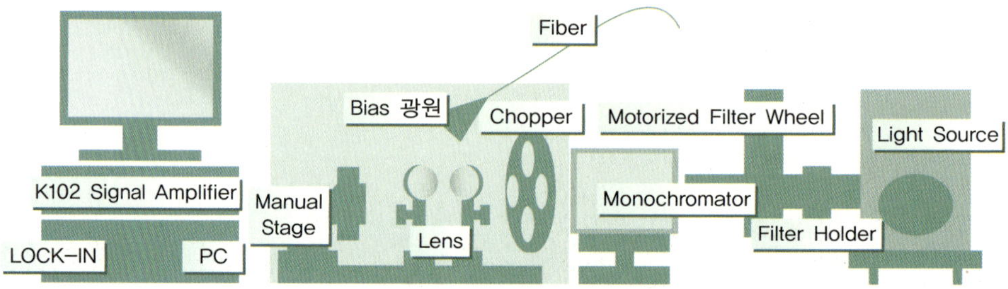

시스템계	암실(Dark Box)계	광원/필터계
· PC Set · LOCK-IN · K102 Signal Amplifier · Software	· Chopper · Lens · Bias 광원 · Manual Stage	· Light Source · Filter Holder · Motorized Filter Wheel · Monochromator

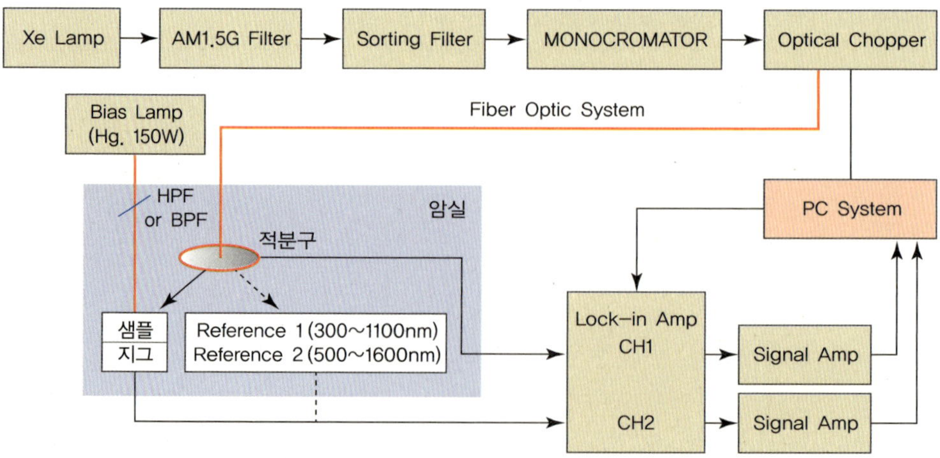

[그림 9.49] IPCE 장비 구성도

(1) 1~6단계는 양자측정 장비를 가동하고 양자효율을 측정하는 단계이다.

① 장비 전원 및 Lamp를 켠 후 광안정화 시간을 30분 정도 갖는다.

② 장비 프로그램을 실행하고 장비와 연결한 후, Cell 파장범위, 측정간격등 측정조건을 설정한다.

③ 그림 9.48과 같이 암실 내에 Reference Cell(인증기관을 통해 인증되어진 Cell)을 고정하고 빔을 측정 영역에 정확히 위치시킨 후, Reference를 측정한다.

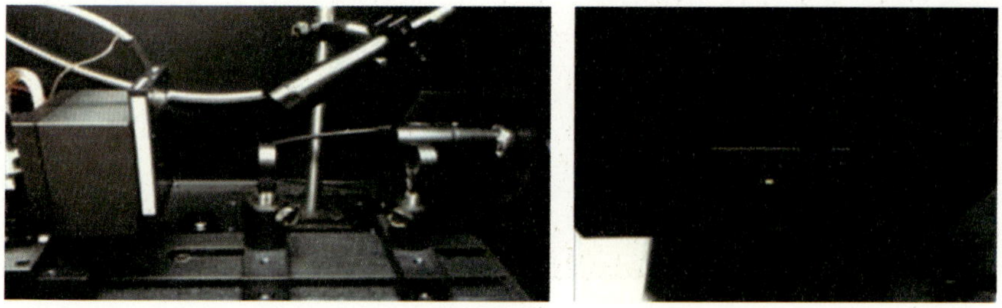

[그림 9.50] Reference Cell 측정

④ 암실 내에 측정하고자 하는 Cell을 고정하고 Beam을 측정 영역에 정확히 위치시킨 후, Cell의 외부양자효율(EQE)을 측정한다. 측정 Cell의 Isc를 측정하여 EQE값을 획득한다.

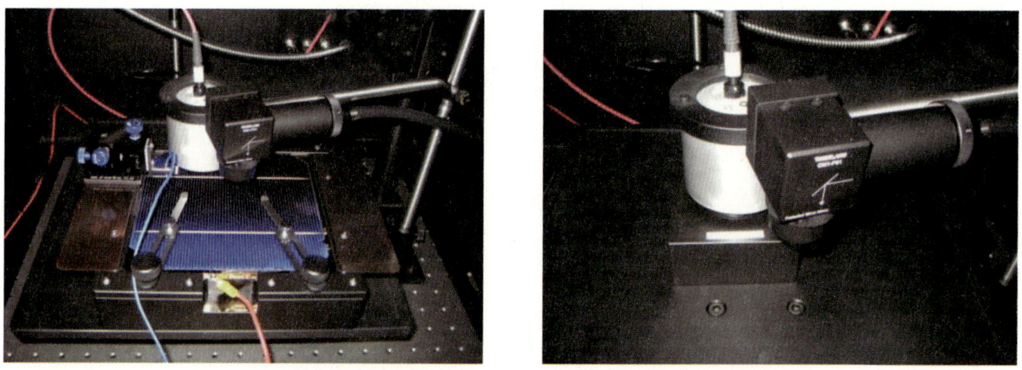

[그림 9.51] Cell의 EQE 및 Reflectance 측정

⑤ 암실 내에 Reference Cell을 고정하고 Beam을 측정 영역에 고정 후, Reflectance를 측정한다.

⑥ 암실 내에 측정 Cell을 고정하고 Beam을 측정 영역에 고정 후, Cell의 내부양자효율(IQE)을 측정한다.

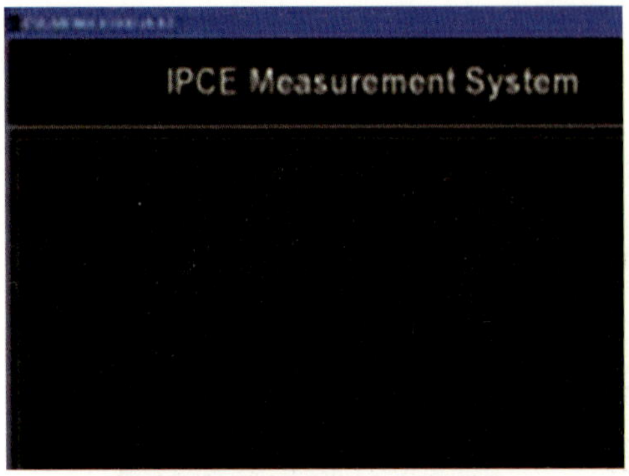

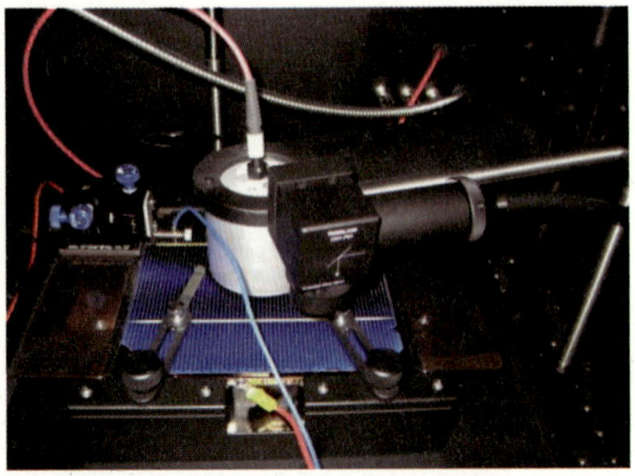

[그림 9.52] Sample IQE 측정

(2) 7~9단계는 변환효율을 측정한 Cell의 결과를 확인하는 단계이다.

⑦ 측정된 DATA로 제조된 셀의 파장대별로 EQE, IQE, Reflectance 등의 측정 결과를 볼 수 있다.

⑧ 측정이 완료되면, 저장된 DATA-SHEET를 통해 파장별 Power(W), Isc(A), EQE(%), IQE(%) 의 측정 결과값을 확인할 수 있다.

⑨ 추가로, IPCE 장비의 Reflect Data를 이용한 Solar Cell 각 공정별 Wafer의 반사율을 측정할 수 있으며, 그림 9.53과 같이 Cell의 SDR(26.5%) Texturing(9.6%), ARC(3.51%) 공정 진행 시 Cell 반사율이 감소한다는 것을 알 수 있다.

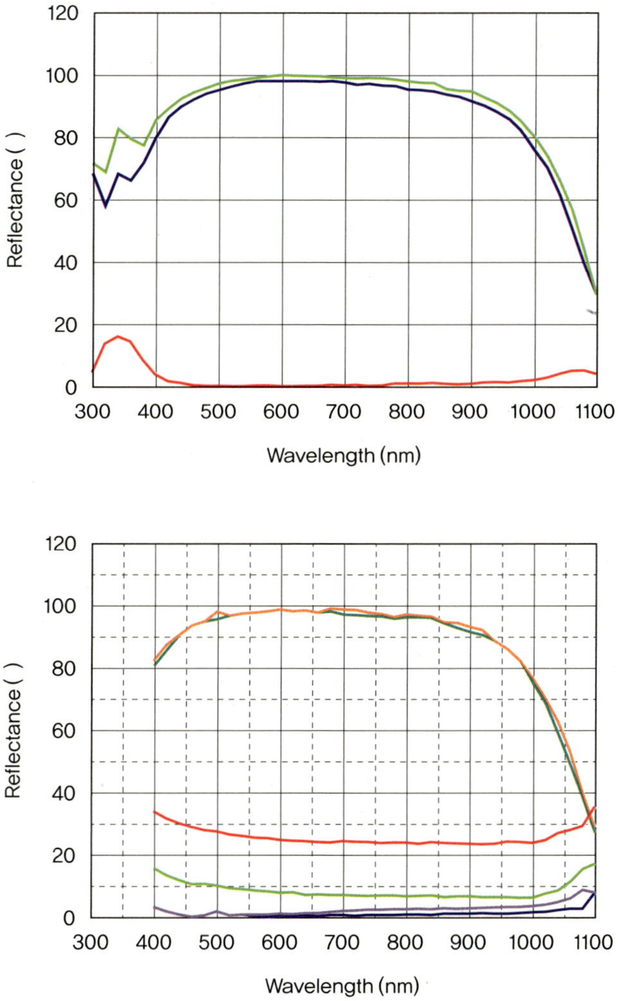

[그림 9.53] EQE, IQE 측정 결과 및 Cell 공정별 Reflectance Data

9.5 실습 결과 분석 및 토의

1. 단결정 실리콘 Texturing 공정을 진행하고 SEM을 이용하여 표면상태를 측정하시오.

2. POCl3 Furnace 장비를 사용하여, 면저항 53~55ohm/sq로 Doping한 후 4 Point Probe를 이용하여 면저항을 측정하시오.

3. PECVD 장비를 사용하여, 반사방지막 굴절률 2.0~2.1, 두께 80nm로 증착하시오.

4. 변환효율과 양자효율측정 장비를 사용하여, 제조 실습한 Cell을 측정하시오.

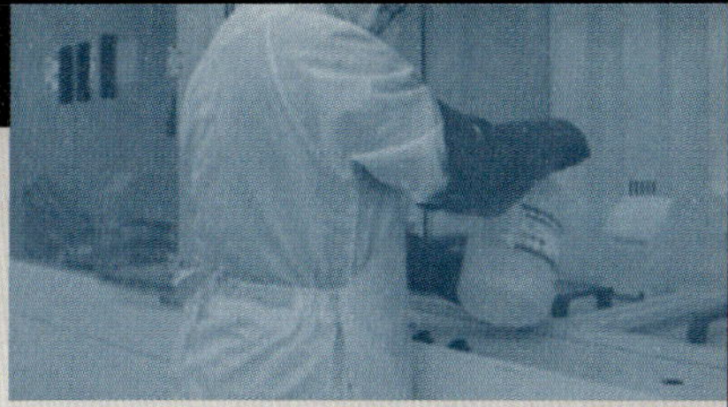

10

전자주사현미경 측정실습 (SEM Measurement)

10.1 실습 목적

① SEM 장비를 사용하여, 웨이퍼 표면 상태를 측정한다.

② SEM 장비의 원리 및 장비구조를 이해한다.

③ Ion Coater를 이용하여 시료의 코팅 작업을 실습한다.

10.2 이론적인 배경

전자현미경(Electron Microscope)은 광학현미경(Light Microscope)에서 사용하는 가시광선(visible rays) 대신 전자선(electron beam)을, 또는 유리렌즈(glass lens) 대신에 전자렌즈(magnetic lens)를 사용하여 물체의 확대상을 만드는 장치를 말한다.

전자현미경은 광선 대신에 전자 빔을 사용하기 때문에 현미경의 내부는 진공상태여야 한다. 전자는 공기를 통과하면서 에너지가 소실되거나 굴절되는 등 원하는 대로 제어하기 어렵기 때문이다. 전자현미경은 표본과 대물렌즈와 렌즈 사이의 거리는 일정하지만 중간렌즈와 투영렌즈의 코일에 통하는 전류의 세기에 의해 배율이 결정되며 상의 초점은 대물렌즈의 코일에 흐르는 전류에 의해 조절된다.

광학현미경은 실제의 상을 볼 수 있지만 전자현미경은 형광판이나 사진판을 통해 상

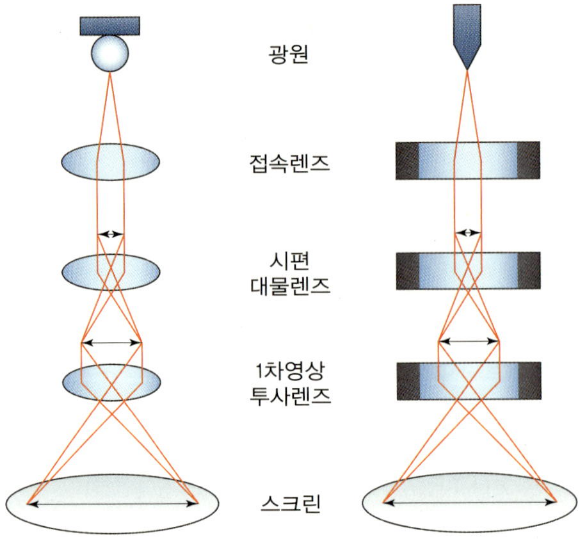

[그림 10.1] 전자주사현미경의 기본원리

을 볼 수 있다. 광학현미경은 표본의 빛을 흡수/반사함으로써 상이 형성되는 반면, 전자현미경에서는 전자선이 시료의 표면에 충돌하면서 발생하는 2차 전자, 산란전자, 투과전자, X-Ray 등을 측정하여 표면을 형상화한다.

전자현미경 = 광학현미경 + 전자파

〈표 10.1〉 전자주사현미경 vs 광학현미경

	광학현미경	주사전자현미경
광원	자외선, 가시광선(파장: 200~750nm)	전자빔(파장: 0.6nm)
매질	대기 중	진공(10-5Torr 이하)
렌즈	광학렌즈(상 확대)	전자렌즈(전기장 이용)
분해능	가시영역: 200nm 자외영역: 100nm	일반 SEM: 3~5nm FE-SEM: 0.5~2nm
피사계심도	낮음	깊음
배율	10~1,000배	10~30만 배
상 종류	투과상, 반사상	이차전자, 반사전자, X-ray 등
Contrast	광의 흡수 및 반사(색 명암)	기하학적 성질, 물리학적 성질
주 용도	Micro scale inspection	Sub-micro scale inspection

10.2.1 SEM 특징 및 장점

최근 정보기기들의 극소화 추세뿐만 아니라 첨단 소재 분야에서도 미세 기술의 산업화로 인해 미세구조물 또는 재료의 표면형상에 대한 정보가 절실히 요구되고 있다. 특히, 1990년대 후반부터 전 세계적으로 나노연구가 활발해지면서 나노물질의 구조와 특성을 규명하기 위한 다양한 연구들이 진행되고 있으며, 전자현미경은 그중 한 축을 담당하고 있다. SEM은 높은 에너지의 전자빔을 이용하여 전자가 시편과 충돌할 때 발생하는 2차전자, 반사전자, X-선 등을 검출하여 확대 상을 촬영하는 장치이다.

SEM의 특징을 살펴보면 첫째, 매우 높은 분해능을 갖고 있어서 고배율로 물체를 관찰할 수 있다. 열방사형(일반 SEM)의 경우 분해능이 3~5nm이고, 전계방사형(FE-SEM)의 경우 1~2nm의 분해능을 갖고 있다. FE-SEM의 경우 50~60만배, 최대 100만배까지 확대 상을 얻을 수 있으며, 수 나노미터의 미세한 입자들도 선명하게 관찰할 수 있다.

둘째, SEM은 고배율 뿐만 아니라 10~100배의 저배율 관찰에도 사용할 수 있다. SEM은 코일에 흐르는 전류를 변화시켜 배율을 조절할 수 있기 때문에 렌즈의 교환 없이 저배율에서 고배율까지 다양한 측정이 가능하다. 일반적으로 SEM을 사용할 때 먼저 저배율에서 넓은 면적을 관찰한 후 관심 있는 미세영역을 고배율로 관찰한다.

셋째, 전자현미경은 광학현미경과 달리 피사계심도가 대단히 깊다. 피사계심도란 관찰 대상물의 확대영상에서 초점이 맞는 깊이 범위를 말한다. SEM 영상은 2차원 데이터임에도 불구하고 마치 3차원 이미지와 유사하여 물체를 훨씬 정확하게 관찰할 수 있다. 따라서 SEM은 요철이 심한 파단면의 관찰이나 표면조도가 큰 시료를 관찰하는 데 매우 유리하다.

넷째, 최근 SEM은 디지털 영상을 제공하기 때문에 영상에 대한 분석이 용이할 뿐만 아니라 X선 분광분석기(EDS/WDS)를 장착할 경우 미세영역에서의 성분분석이 가능하다.

한편, 전자현미경의 단점이라면 우선, 고전압(0.5~30 kV)을 사용하여 가속전자를 발생시키므로 여러 가지 복잡한 장치가 요구되며, 전자빔을 이용하기 때문에 진공(10-5 torr 이하)이 필수적이다. 이 두 가지 요소(고전압과 진공기술)로 인해 전자현미경은 크고 복잡하며 장비가 고가이다. 한편, 전자현미경에서는 부도체 시료의 경우 전자빔의 전자가 시료에 축적되어 궁극적으로 전자빔을 밀어내는 역할을 하게 되므로 이미지가 왜곡된다. 이 때문에 부도체 시료의 경우 표면을 Au 또는 Pt 등의 전도체로 코팅하는 것이 바람직하다.

10.2.2 SEM으로 얻을 수 있는 정보

전자현미경으로 재료의 표면형상, 적층 결함, 계면 등을 직접 관찰함에 따라 이들이 재료의 여러 성질들에 미치는 영향을 정확히 규명할 수 있다. 전자회절로써 결정의 결자상수와 대칭성 등을 규명할 수 있고, 분석전자현미경으로 원자의 종류와 양을 분석할 수 있다. 그리고 고 분해능 전자현미경으로 원자의 배열을 관찰할 수 있다. 이들 전자현미경 기술을 이용하면 원자의 종류와 위치를 원자 규모로 규명할 수 있다. 따라서 이들이 재료의 성질에 미치는 영향을 규명하여 새로운 재료의 개발에 이용할 수 있다.

전자현미경으로 얻을 수 있는 정보는 크게 다음과 같다.

- **Topography(물체의 표면의 형상을 관찰)**: 물체의 미세구조와 hardness, reflectivity 등의 물성과 연관성을 규명할 수 있다.

- **Morphology(물체를 구성하는 입자들의 형상과 크기 관찰)**: ductility, strength, reactivity 등의 물성과의 직접적인 관계를 알 수 있다.

- **Composition(물체를 구성하는 원소와 화합물의 종류 및 상대적인 양을 분석)**: 분광학에 의한 전자와 시편이 상호 작용하여 생기는 X-선이나 전자를 분석하여 시편 내에 존재하는 원자의 종류와 양을 알아내는 방법으로 에너지 분산 X-선 분광법과 전자 에너지 손실 분광법이 있다. 즉, 분광학을 이용한 재료표면의 원소의 종류와 양과 같은 화학적 조성 정보를 제공한다. melting point, reactivity, hardness 등 재료물성과 조성과의 관계를 알 수 있다.

- **Crystallography(재료 내 원자들의 배열상태 분석)**: 재료의 여러 성질들은 미세 구조, 즉 원자의 종류와 위치에 큰 영향을 받는다. 전자와 시편 내의 원자 간의 간섭을 이용하여 원자의 위치 및 배열에 대한 정보를 얻는 것이다. 회절 패턴을 이용한 결정구조 정보와 같은 역공간의 정보를 제공한다. conductivity, electrical properties, strength 등의 재료 고유의 물성과 원자배열과의 관계 연구할 수 있다.

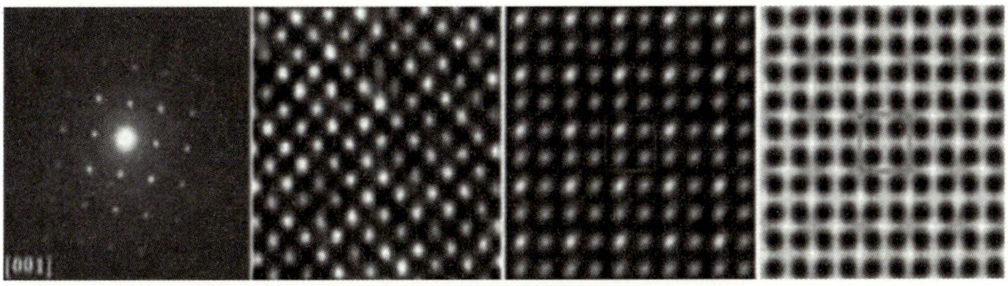

[그림 10.2] 재료 내 원자들의 배열상태 관찰

10.2.3 SEM의 종류

그림 10.3에서 전자빔이 시편에 충돌한 후 발생하는 다양한 현상과 이를 활용한 검출 방식에 대해 알 수 있다. SEM은 기본적으로 2차전자(Secondary Electron)를 검출하며, 그 외에도 BSE, WDS, EDS를 주로 사용하고 있다. TEM은 시편을 투과한 전자빔을 관찰하여 시편의 내부구조를 관찰한다.

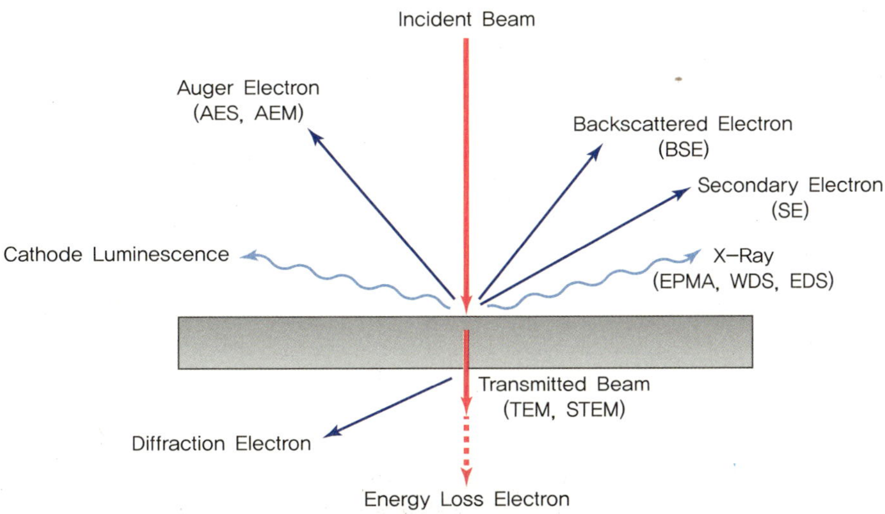

[그림 10.3] 시편에 전자가 입사할 경우 발생하는 여러 종류의 신호

SEM(Scanning Electronic Microscopy, 전자주사현미경)

10-5 Torr 이상의 진공 중에 놓여진 시료 표면을 1-100nm 정도의 미세한 전자선으로 x-y의 이차원방향으로 주사하여 시료 표면에서 발생하는 2차 전자, 반사전자, 투과

전자, 가시광, 적외선, X선, 내부 기전력 등의 신호를 검출하여 확대 화상을 표시하거나 기록하여 시료의 형태, 미세구조의 관찰이나 구성원소의 분포, 정성, 정량 등의 분석하는 장치이다. 주로 금속 등 도체, IC, 산화물 등 반도체, 고분자 재료나 세라믹 등 절연물의 고체, 분말, 박막시료가 표본이 된다.

자기장형 렌즈를 이용하여 전자빔을 가늘게 집속하며, 이를 시료면 위를 주사함으로써 발생하는 2차전자를 검출한다. 2차전자의 양은 표면의 물질과 표면의 굴곡에 따르기 때문에 표면의 미세한 확대상을 얻을 수 있다. 배율은 시료면 위와 형광면(모니터) 위의 주사 진폭의 비로 정해진다. SEM의 분해능은 전자빔을 가늘게 만들수록 높아지는데 보통은 3~5nm 정도로 쓰인다.

전자를 가속하는 전자총의 방식에 따라 열방출형 SEM(일반적인 SEM)과 전계방출형(Field Emission) SEM으로 구분하며, FE-SEM의 경우 100만 배의 확대상을 볼 수 있으므로 최근 나노기술 연구에서 활용되고 있다.

〈표 10.2〉 전자총의 종류

전자총 종류	텅스텐 필라멘트	LaB_6	쇼트키형 전계방출 (ZrO/W)	냉음극형 전계방출 W(310)
휘도(A/cm^2sr)	~10^5	~10^6	~10^7	~10^8
에너지 분산(eV)	1~3	1~2	0.3~1.0	0.2~0.3
빔안정성(%)	1	1	≦2	≦4
빔크기	30~100um	5~50um	〈5nm	〈5nm
수평(h)	40~100	200~1000	1~2년	~10년
요구 진공도(pa)	10^{-5}	10^{-6}	10^{-7}	10^{-8}

W–Filament LaB6 Field emission tip

[그림 10.4] 전자총의 종류

TEM(Transmittance Electronic Microscopy, 투사형 전자현미경)

TEM은 필라멘트에서 나온 전자를 가속하여 양극의 구멍을 빠져 나온 전자빔을 묶어 모아 얇게 자른 시편에 조사한다. 그 상을 전자렌즈로 차례차례 확대하여(대물 · 중간 · 투영의 3단 렌즈) 마지막 단계의 상을 형광판에서 관찰하고 카메라로 찍는다. 전자빔의 통로는 물론 모두 진공으로 되어 있다. 직류 전류를 조절하면 렌즈의 세기(초점거리)가 달라진다.

시료는 앞뒤 좌우로 옮겨 측정을 원하는 지점을 찾아 배율을 적당히 택하여 관찰하고 촬영한다. 높은 배율의 경우에는 고도의 숙련도가 요구된다. 시료의 두께가 100㎚를 넘으면 전자빔이 거의 투과하지 못하여 윤곽밖에 보이지 않으므로 내부 구조를 보려면 더 얇게 만들어야 한다.

금속 덩어리를 얇은 조각의 시료로 자르는 데에는 전해연마법이 쓰인다. 이렇게 얻은 시료에서는 여러 가지 격자상의 결함이 관찰된다. 생물의 조직의 경우 고정시켜서 유리나 다이아몬드 칼로 아주 얇은 조각으로 자른다. TEM으로 직접 표면을 볼 수는 없으나 표면의 굴곡을 얇은 막에 찍어서 볼 수 있다.

10.2.4 SEM의 작동원리

앞에서 언급한 것처럼 전자현미경은 가시광선 대신 전자빔을 사용하기 때문에 현미경의 내부는 진공상태이고, 배율은 중간렌즈와 투영렌즈의 코일에 통하는 전류의 세기에 의해 결정되며, 상의 초점은 대물렌즈의 코일에 흐르는 전류에 의해 조절된다. 광학현미경은 실제의 상을 볼 수 있지만 전자현미경은 형광판이나 사진판을 통해 상을 볼 수 있다. (그러나 최근 사용되는 디지털 SEM의 경우 검출된 신호를 디지털 신호로 변환시켜 모니터에서 직접 영상을 볼 수 있다.) 광학현미경은 표본의 빛을 흡수함으로써 상이 형성되는 반면, 전자현미경에서는 전자가 표본의 원자에 의해 산란됨으로써 상이 형성된다. 무거운 원자는 산란도가 크므로 가벼운 원자에 비해 짙은 상을 만든다.

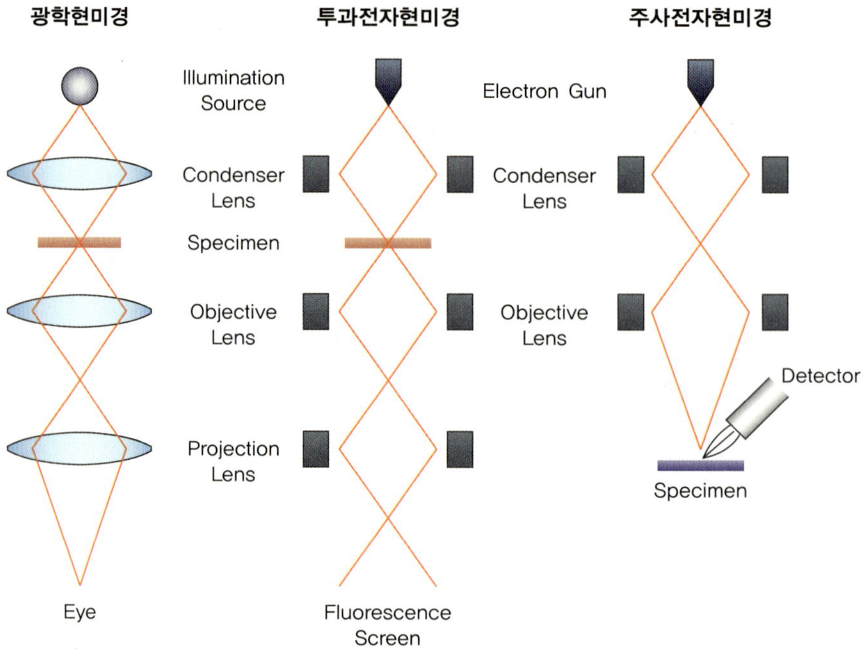

[그림 10.5] 광학현미경과 전자현미경의 모식도

전자현미경은 가시광선 대신에 초점을 맞춘 전자빔을 사용한다는 것 외에는 광학현미경과 작동원리는 동일하다. 모든 전자현미경의 기본 원리는 다음과 같다.

① 전자총에 의해서 형성된 일련의 전자들이 인가된 전기장에 의하여 시료를 향하여 가속된다.

② 전자다발이 금속으로 형성된 aperture와 자기장을 이용한 렌즈에 의해서 초점으로 모아지고 파장이 일정한(단색광; monochromatic) 전자빔을 형성한다.

③ 이 전자빔이 다시 자기장을 이용한 또 다른 렌즈에 의해서 시편에 초점을 형성한다.

④ 시편에 입사되는 전자들과 시편 내에 포함된 원자 및 전자들이 상호작용한다. 시료가 전자빔과 상호작용하는 부피는 다음과 같은 인자에 영향을 받는다.

⑤ 분석시료의 원자번호: 원자번호가 클수록 더 많은 전자들을 흡수하거나 차단시켜 상호 작용하는 부피가 작다.

⑥ 가속전압: 전압이 높을수록 입사전자들의 에너지가 크기 때문에 시료내로 더 깊

숙히 침투하여 상호작용하는 부피(interaction volume)가 크다.

⑦ 전자빔의 입사각도: 각도가 클수록 상호작용하는 부피가 작다.

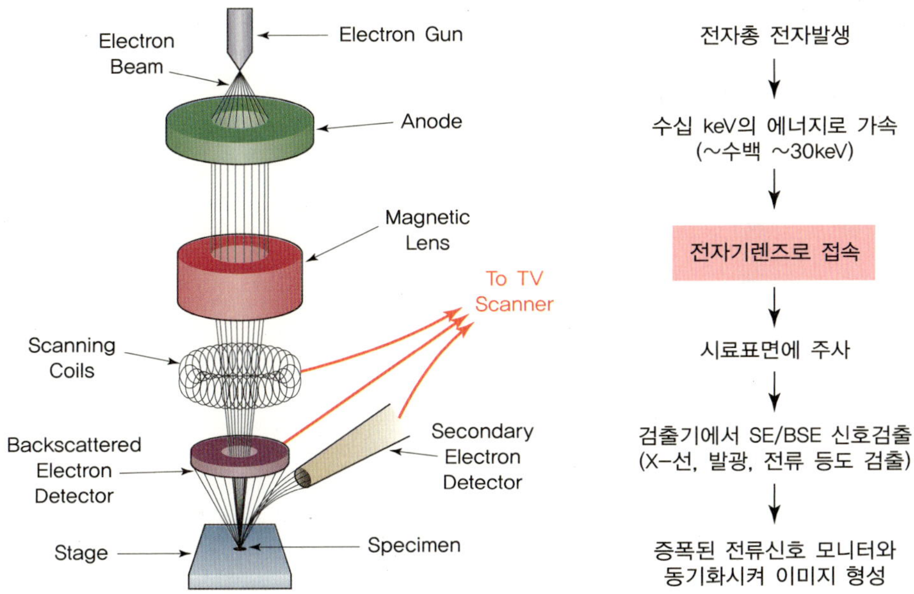

[그림 10.6] SEM의 동작원리

10.2.5 SEM의 분해능

광학현미경과 전자현미경의 근본적인 구조는 유사하다. 다만, 광학현미경은 관찰의 매체로 가시광선을 사용하고, 전자현미경은 전자빔을 사용한다는 점과 광학현미경은 유리 렌즈로 빛을 집속하는데 비해 전자현미경은 전자기 렌즈를 이용하여 전자빔을 집속한다는 차이가 있다.

렌즈를 통과한 빛은 그림 10.6과 같이 회절현상에 의해 간섭무늬를 형성하며, 이를 에어리 원반이라고 부른다. 만약 시편 상에 일정한 거리에 있는 두 점에서 출발한 빛이 렌즈를 통과할 경우 스크린 상에 두 개의 원반이 만들어지게 되며, 이 두 점의 거리가 가까워지면 두 원반이 서로 근접하여 겹쳐 보이게 된다. 그림 10.7에서와 같이 두 원반이 어느 거리 이상 근접하면 관찰자는 더 이상 두 점을 분해하지 못하고 하나의 점으로 인식하게 된다. 이 한계점에서 시편 상의 두 점 사이의 거리를 분해능(Resolution)이라 부른다.

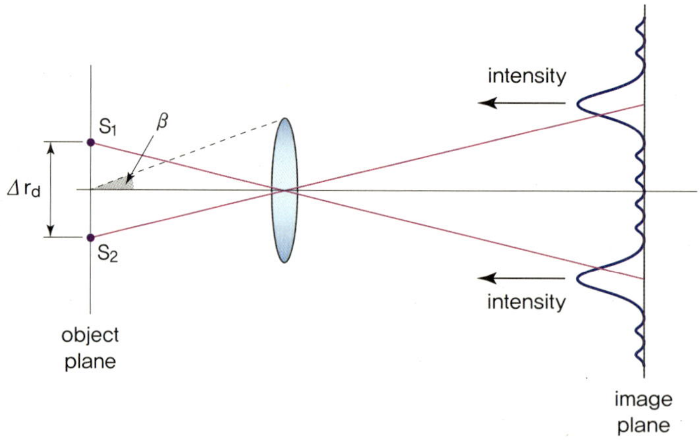

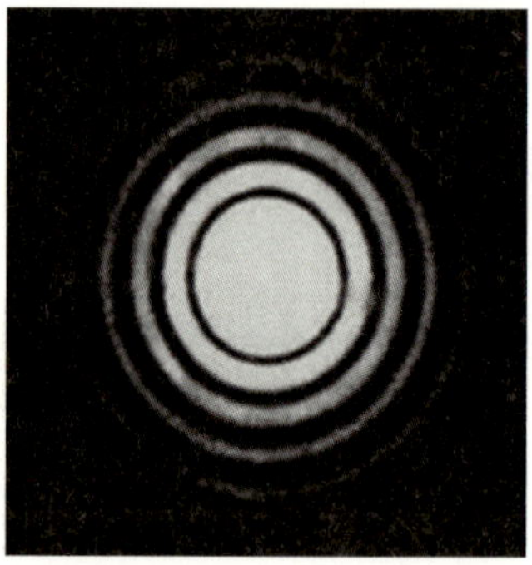

[그림 10.7] 렌즈에서의 빛의 회절현상(a)과 간섭무늬인 에어리 원반(b)

광학 현미경의 분해능(d)은 Abbe의 법칙에 의해 아래식과 같이 파장(λ)에 비례한다. 여기서 n은 매질의 굴절률, α는 개구각이다. 파장이 짧을수록 분해능의 크기가 작아지며, 분해능이 좋아진다. 광학현미경의 경우 가장 짧은 가시광선(약 200nm)을 사용하더라도 그 분해능은 0.1μm보다 좋아질 수가 없다.

$$d = \frac{0.61\lambda}{n \sin \alpha}$$

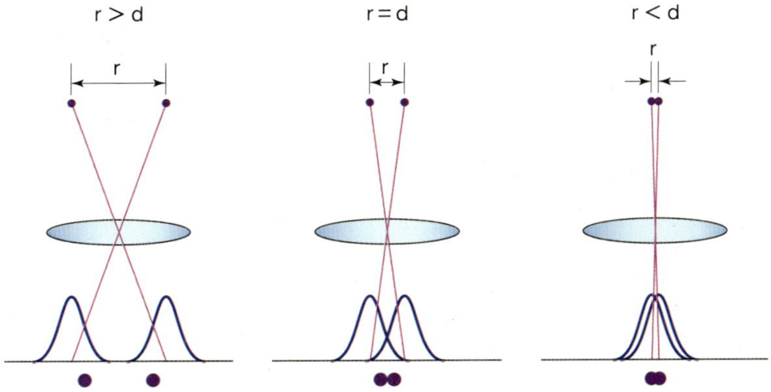

[그림 10.8] 시편 상의 두 점 사이의 간격 r이 분해능 한계 d보다 (a) 클 때, (b) 같을 때, (c) 작을 때. (c)에서는 확대 영상에서 두 점을 하나로 인식하게 된다.

1932년 독일의 루스카는 가시광선 대신 전자빔을 이용한 현미경을 개발함으로써 분해능을 획기적으로 개선하였다. 전자빔의 파장은 전자가 갖은 에너지 함수이고, 전자의 에너지는 전자총에서 전자를 가속할 때 가해주는 가속전압의 함수이다. 전자빔의 파장 λ는 $1.23\sqrt{V}$로서 가속전압 V의 $\frac{1}{2}$승에 반비례한다. 만약 가속전압이 100 kV라면 이론적 분해능은 2.3Å이 된다. 즉, 전자현미경의 분해능은 광학현미경의 분해능 0.1μm 보다 약 400배 정도 뛰어나다고 할 수 있다.

10.3 실습 준비물

- 전자주사현미경(CX-100S)
- 이온코팅기(Au, Pt-Pd sputtering)
- W-Filament(전자총)
- 웨이퍼 측정 시료

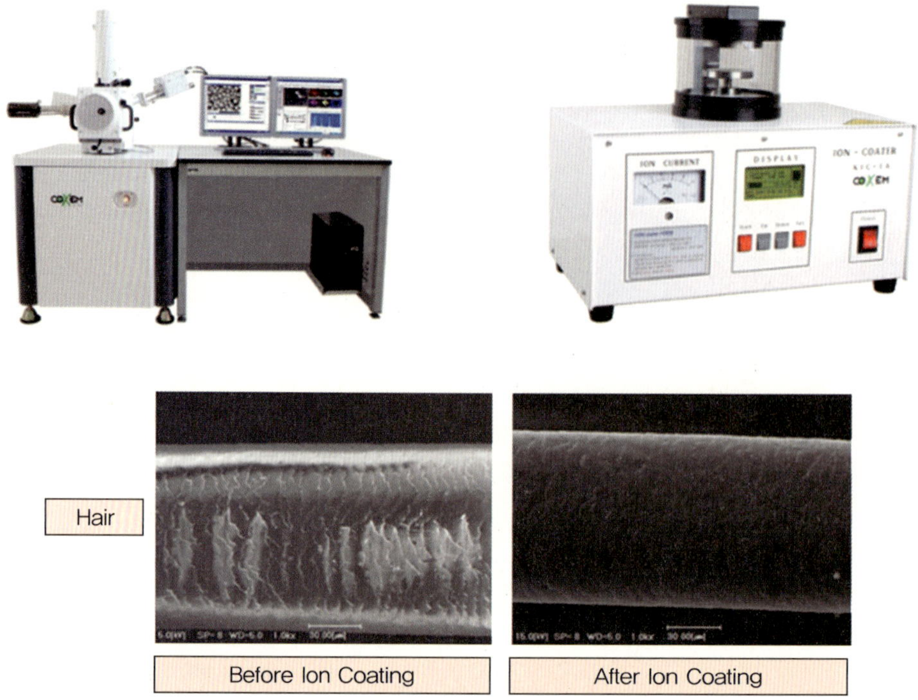

[그림 10.9] SEM 측정장비 및 이온코팅기

10.4 실습 순서

실습은 SEM 장비를 사용한 다양한 시료 측정으로 전자현미경 관찰에서 시료 준비는 매우 중요하다. 많은 시료 준비 방법이 있지만 샘플 준비 방법의 선택에 있어 첫 번째 고려사항은 시료 준비 중에 발생할 수 있는 Artifacts를 최소화하고 비전도성 물체의 경우 진공 중에서 전자선에 쏘이게 되면 대전(charged-up)되어 전자선이 휘거나 불연속상으로 되는데, Au 코팅을 하면 표면이 전도성 물질로 증착되어 이런 현상이 없어지고 금속의 경우 코팅을 함으로써 2차전자 발생의 증가, 시료 손상의 방지 효과가 있으므로 측정전 이온코팅기를 이용하여 시료 코팅한다.

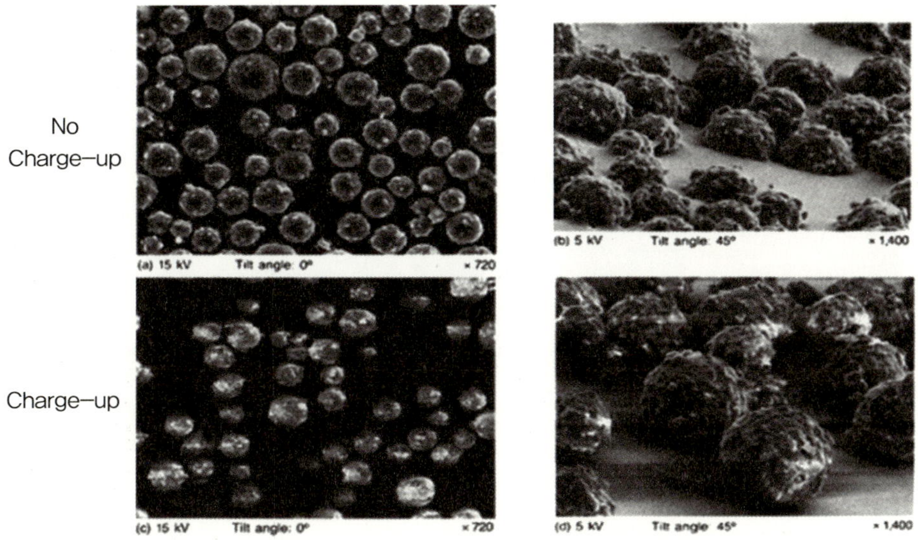

[그림 10.10] 시편 코팅에 따른 대전 효과

(1) 1~2단계는 SEM 장비를 가동하기 위한 공정이다.

① 전면의 SEM 장비의 Power를 켜고, 진공 Pump를 켠 후, 컴퓨터 스위치를 켠다.

② 컴퓨터 부팅이 완료되면 측정 프로그램 Icon을 더블 클릭하여 소프트웨어를 연다.

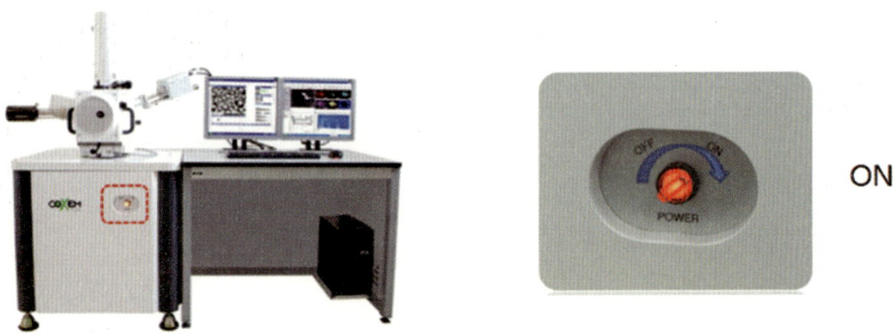

[그림 10.11] SEM 장비 Power On

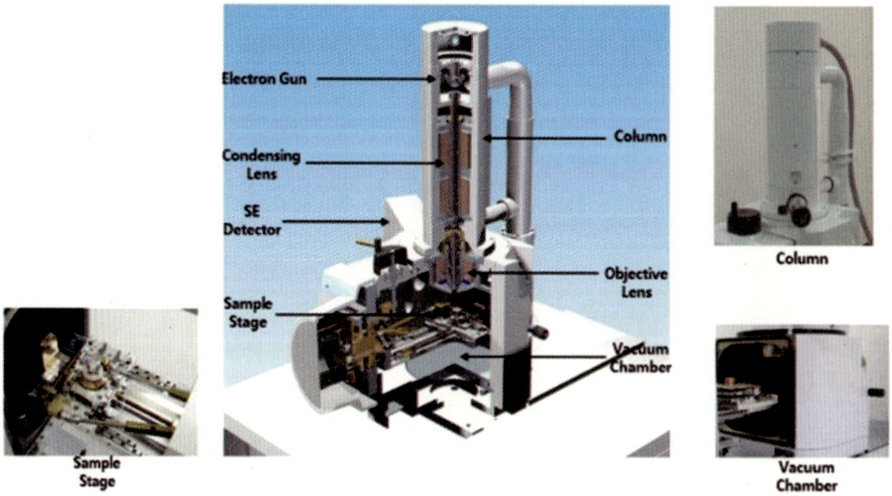

[그림 10.12] SEM 장비 기본구조

(2) 3~8단계는 장비를 사용하여, 시료 측정을 위한 단계이다.

③ Chamber 열림상태를 클릭하여 진공을 배기한 후, 측정하고자 하는 시료를 교체한다.

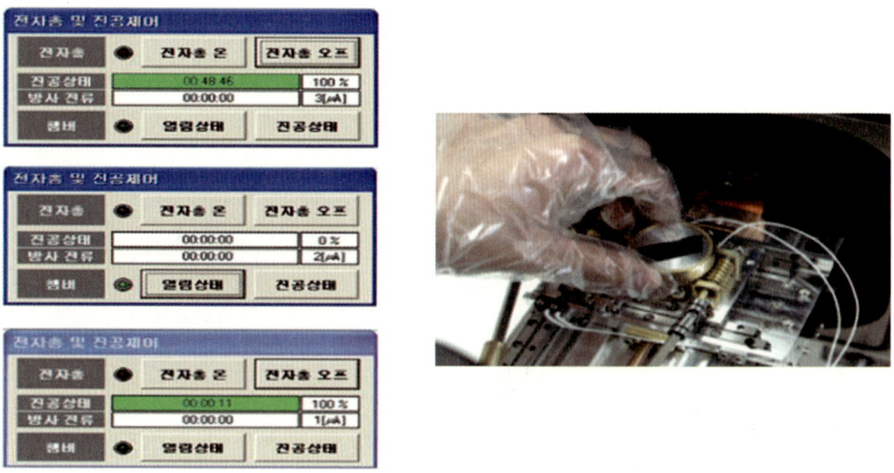

[그림 10.13] 시료 교체

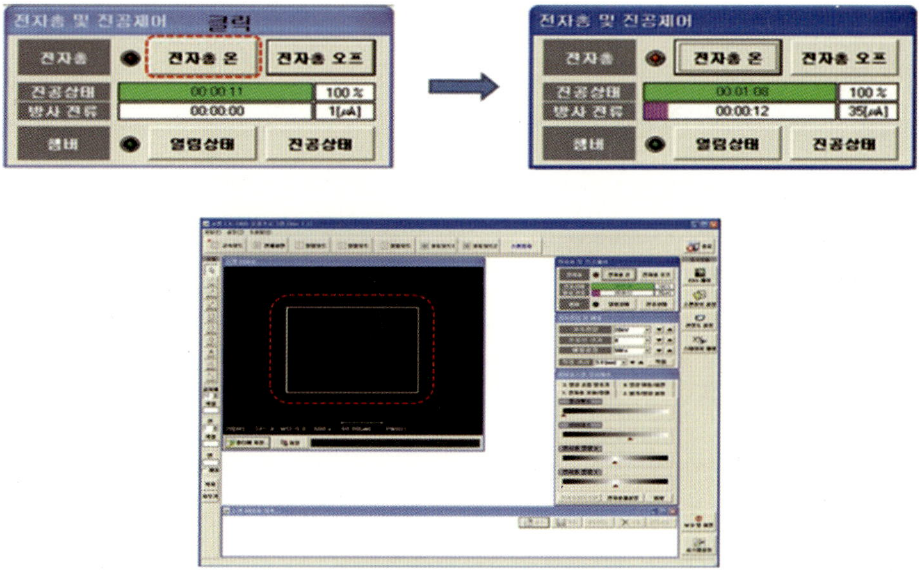

[그림 10.14] 전자총 On

④ 시료교체 후 진공상태를 클릭하고, 전자총을 On하고 방사 전류 변화를 확인한다.

⑤ 필라멘트를 조절하고, 전자총을 정렬시킨다.

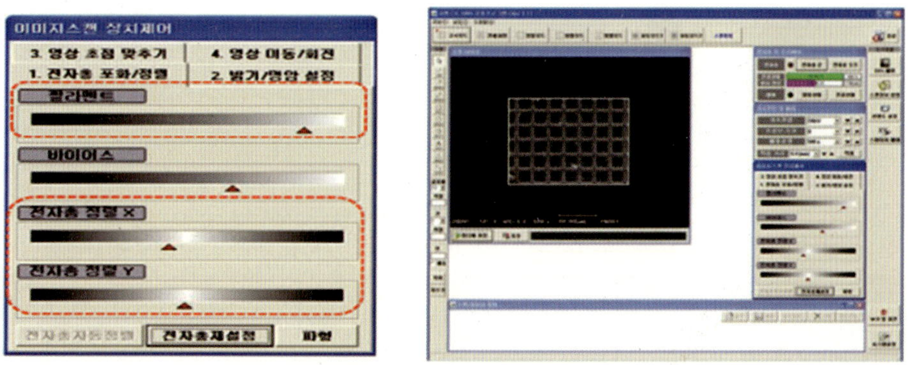

[그림 10.15] 전자총 정렬

⑥ 시료에 맞는 밝기 및 명암, 배율, 초점, 비점수차 조정을 통해 시료를 선명하게 측정한다.

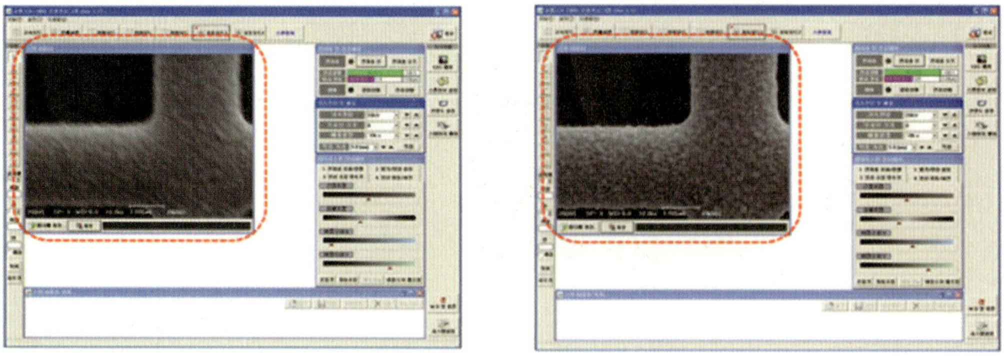

[그림 10.16] 비점수차 조정

⑦ 측정이 완료되면 측정 이미지를 저장 폴더에 저장한다.

⑧ 필라멘트와 전자총을 Off 상태로 클릭한 후, 시료 측정을 마친다.

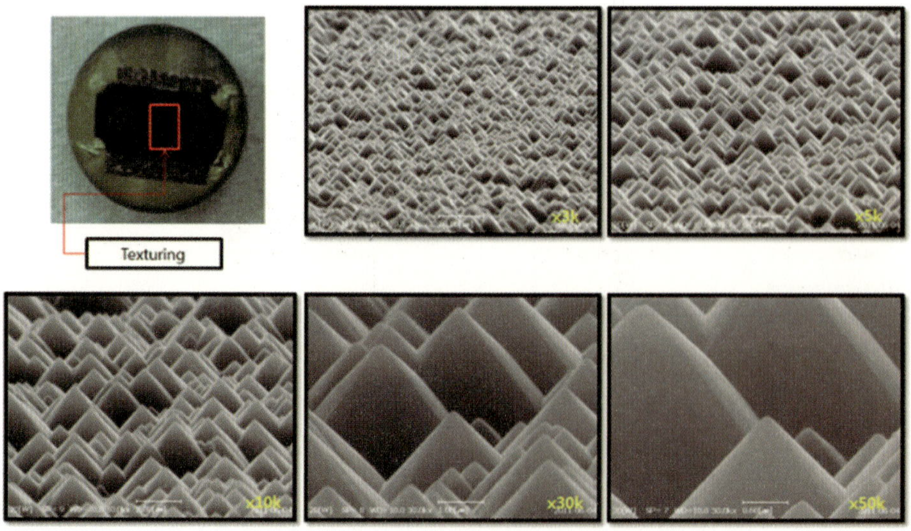

[그림 10.17] 솔라셀 측정이미지

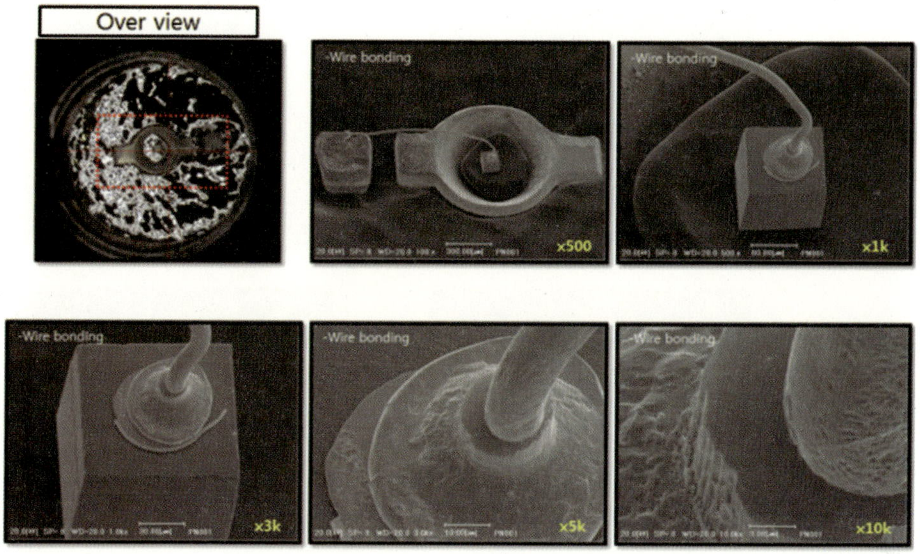

[그림 10.18] LED 측정이미지

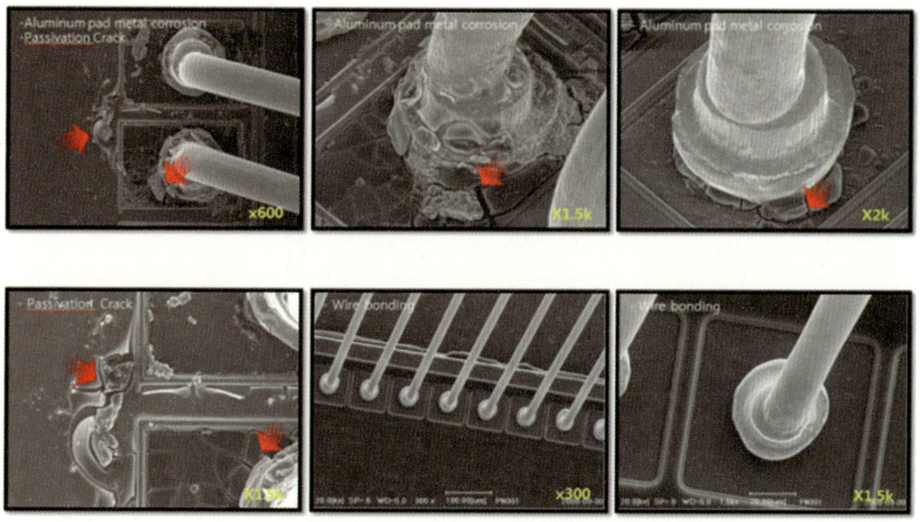

[그림 10.19] Wirebond 측정이미지

기울기 0도

기울기 45도

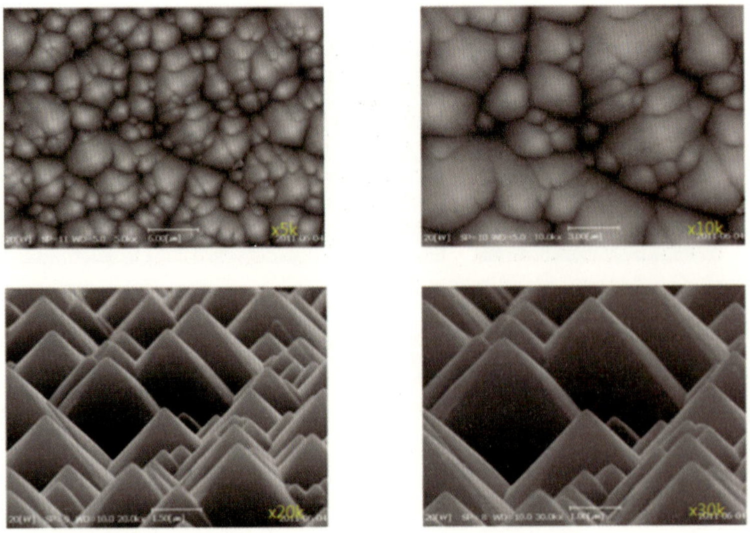

[그림 10.20] 스테이지 변화에 따른 시료측정(솔라셀)

10.5 실습 결과 분석 및 토의

1. 0도, 45도 기울기에 따른 단결정 실리콘 Texturing 공정을 진행하고 SEM을 이용하여 표면상태를 측정하시오.

2. 스크린 프린터 공정 후 인쇄된 Al, Ag Paste 두께를 SEM을 이용하여 측정하시오.

다이오드 3차원 제조 공정 흐름

1. P-type Si Wafer
   Cleaning

2. Thermal Oxidation

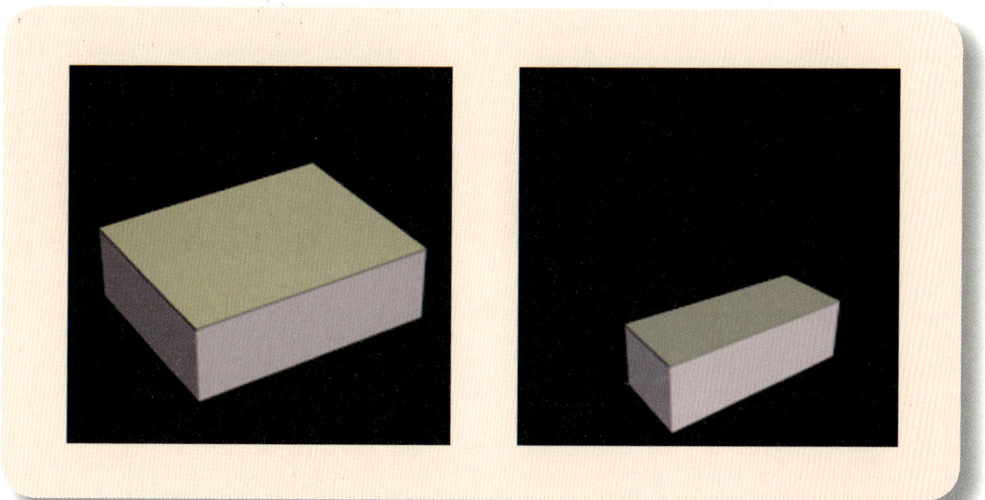

3. PR Coating
Softbaking

4. N^+ Mask
Alignment & Exposure

5. Develope
   Hardbaking

6. P⁺ Ion Implantation

7. PR Strip

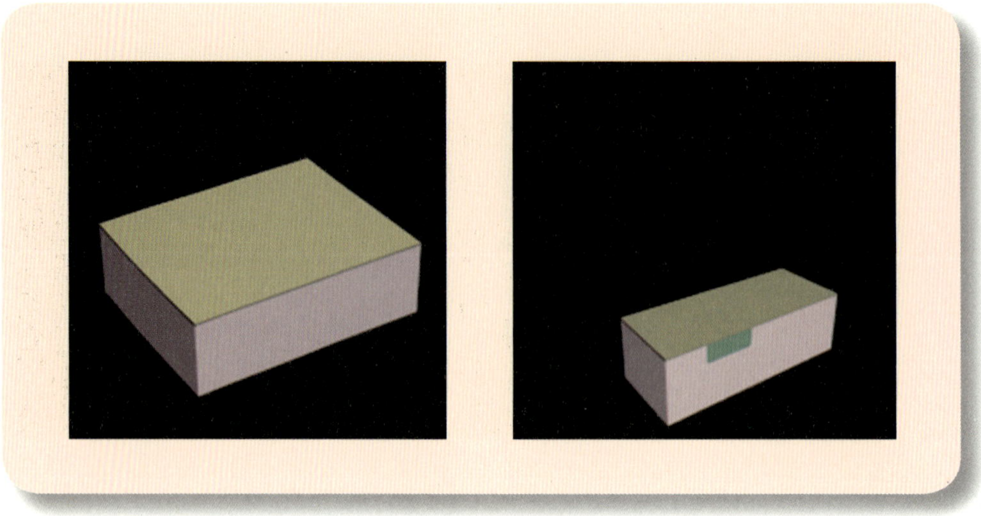

8. PR Coating
   Softbaking

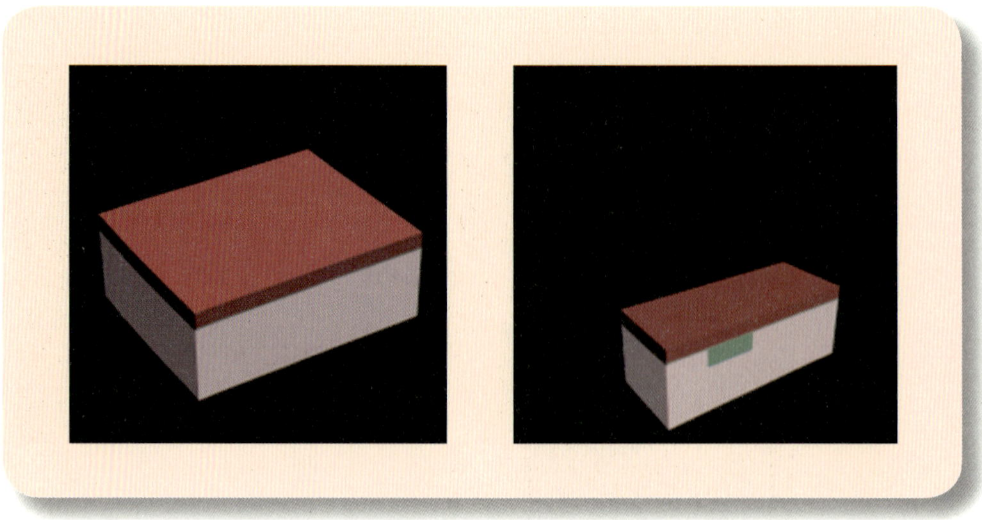

9. P^+ Mask
   Alignment & Exposure

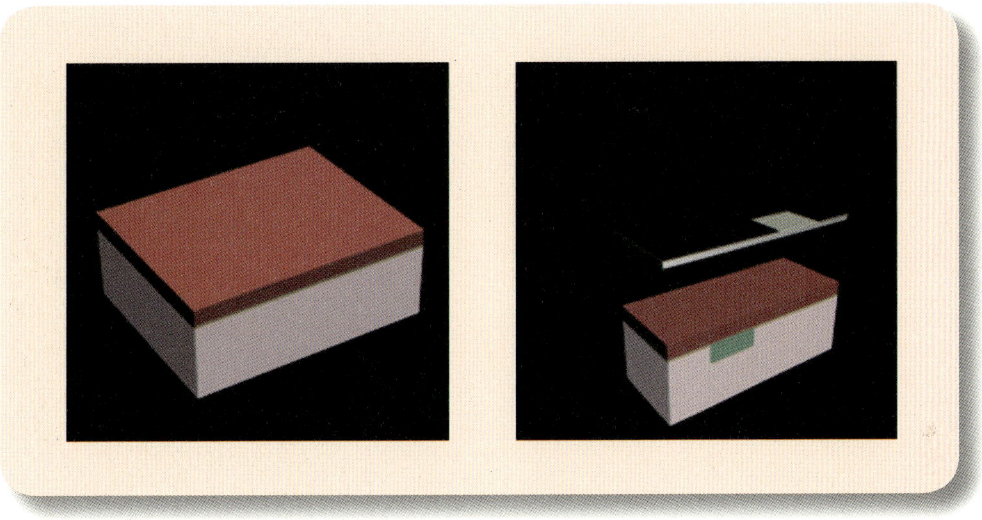

10. Develope
    Hardbaking

11. B^+ Ion Implantation

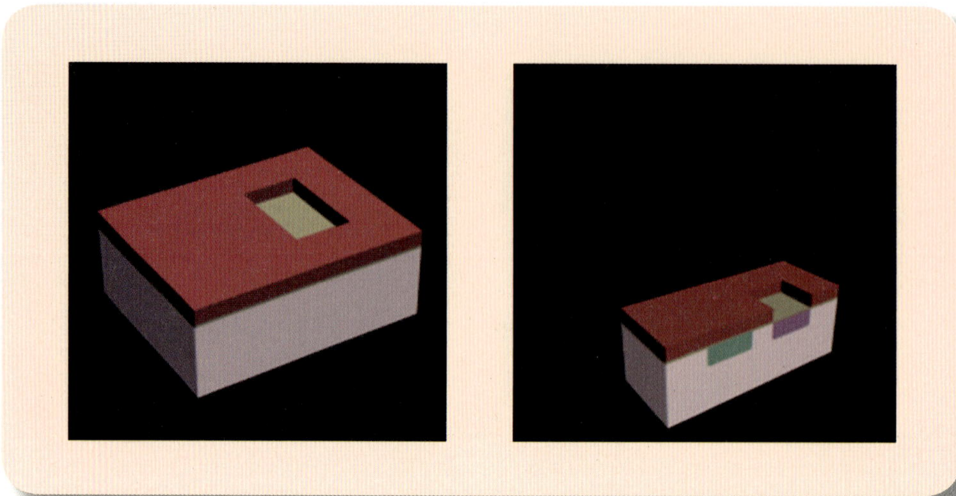

12. PR Strip

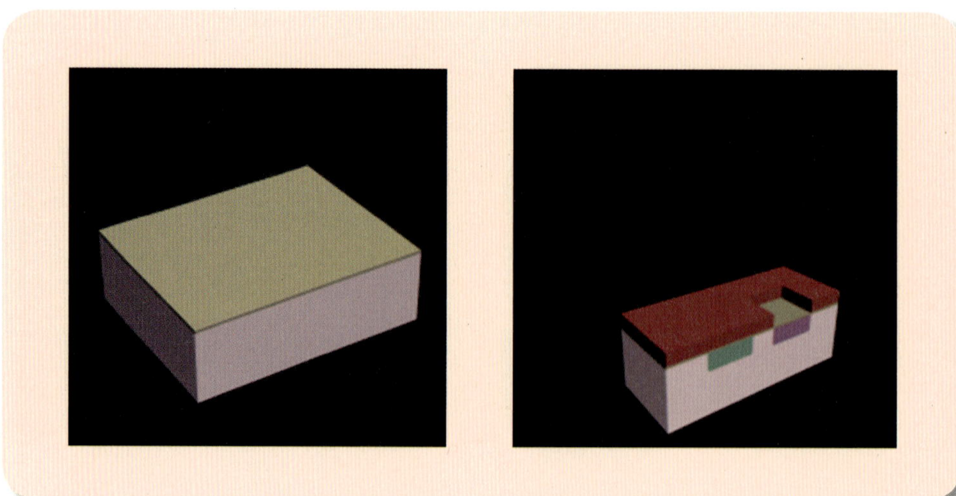

13. Thermal Oxidation
(Implantation Annealing)

14. PR Coating
Softbaking

15. Contact Mask
    Alignment & Exposure

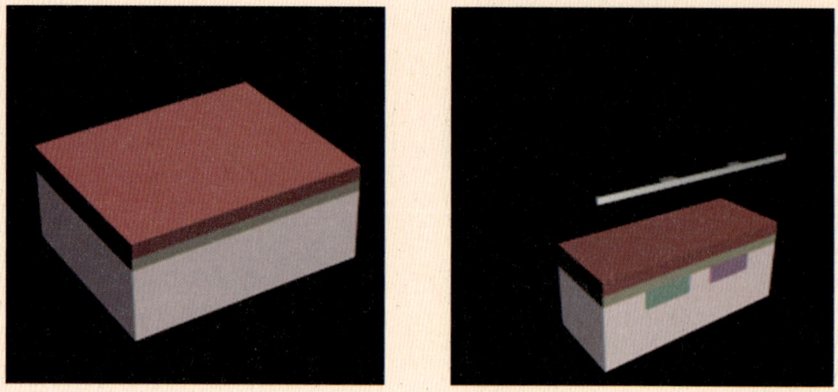

16. Develope
    Hardbaking

17. Oxide Etch

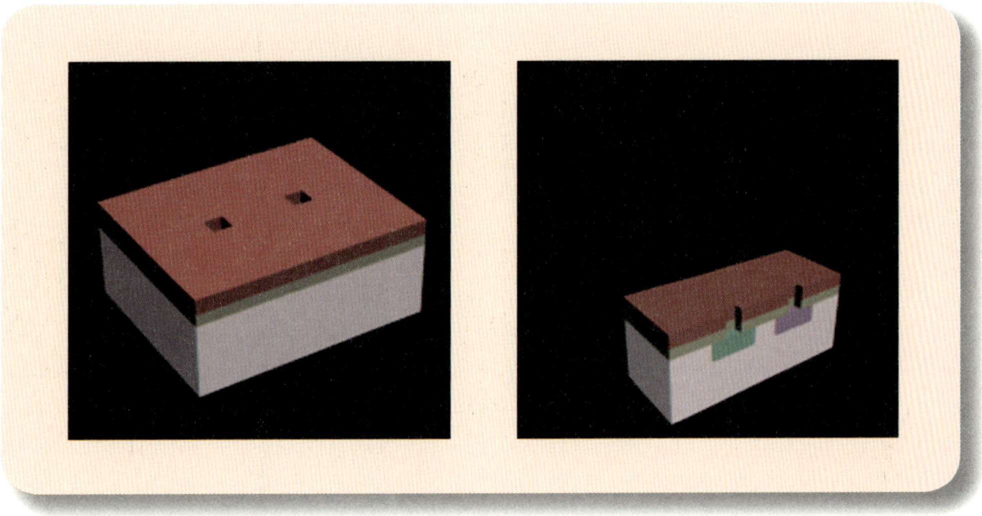

18. PR Strip

19. Al Deposition

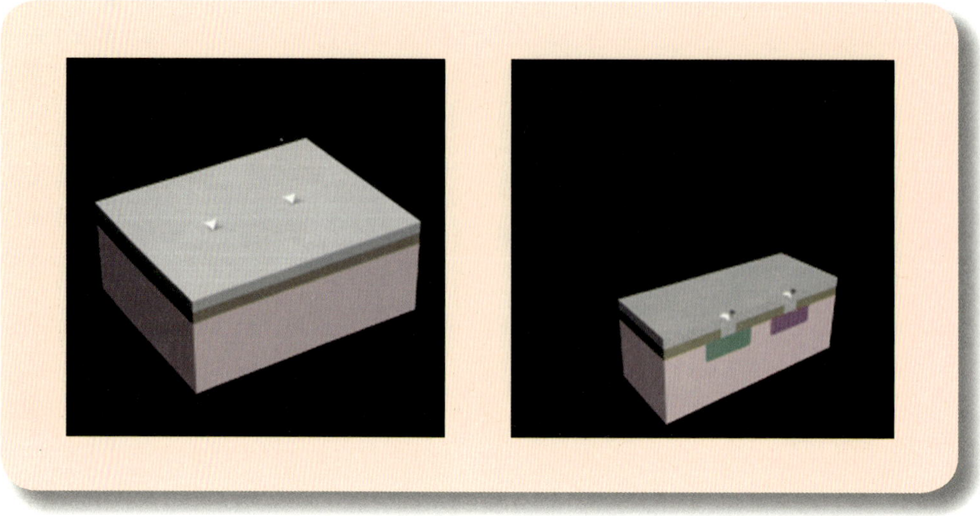

20. PR Coating
Softbaking

21. Metal Mask
    Alignment & Exposure

22. Develope
    Hardbaking

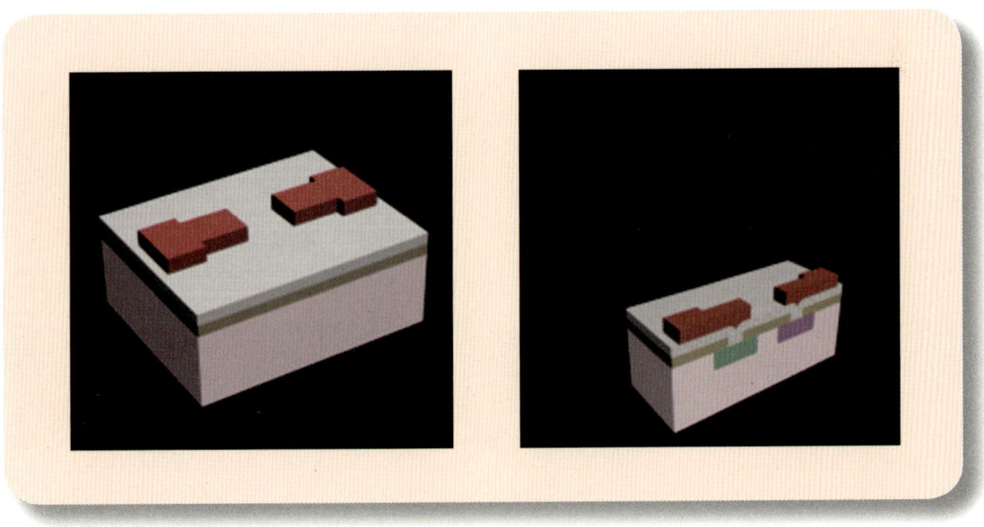

23. Al Etch

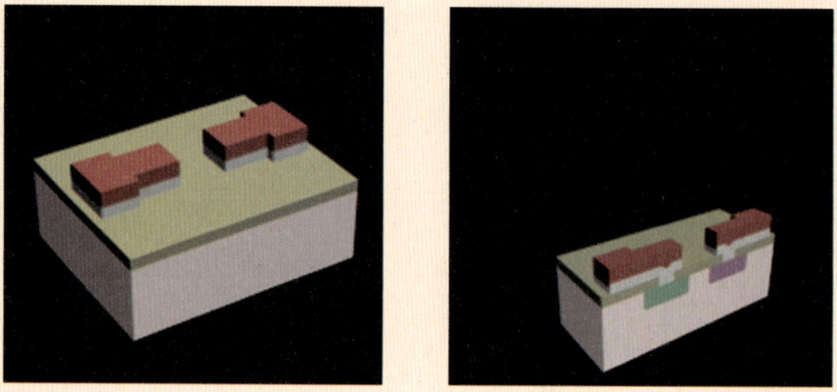

24. PR Strip

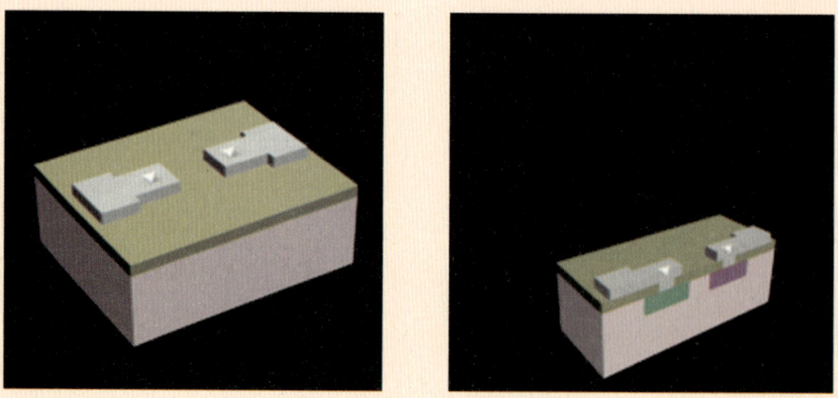

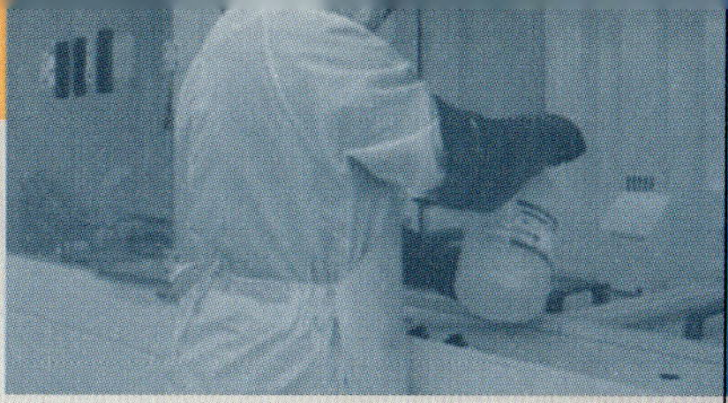

MOSFET 3차원 제조 공정 흐름

1. P-type Si wafer
   Cleaning

2. Oxide Growth(Thermal)

3. Nitride Deposition

4. PR Coating
Softbaking

5. Active Mask
   Alignment & Exposure

6. Develope
   Hardbaking

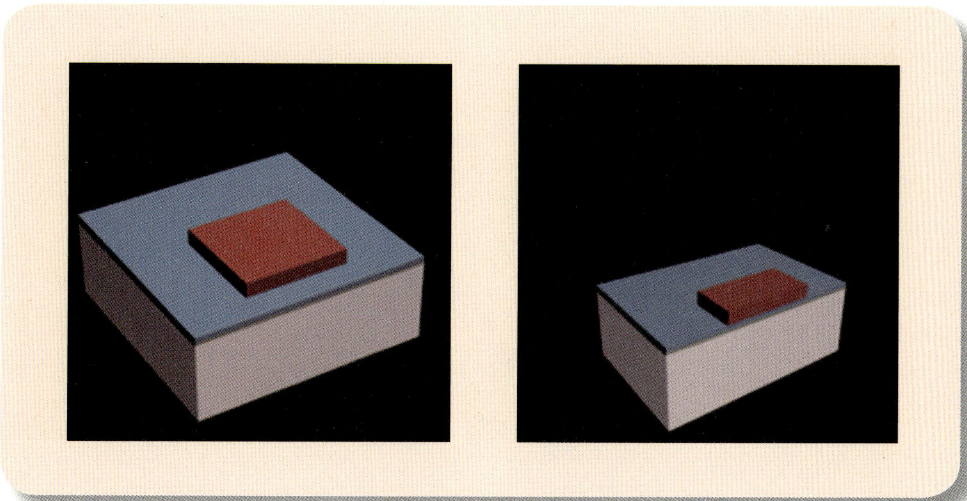

7. Nitride Etch
   Oxide Etch

8. Si Etch

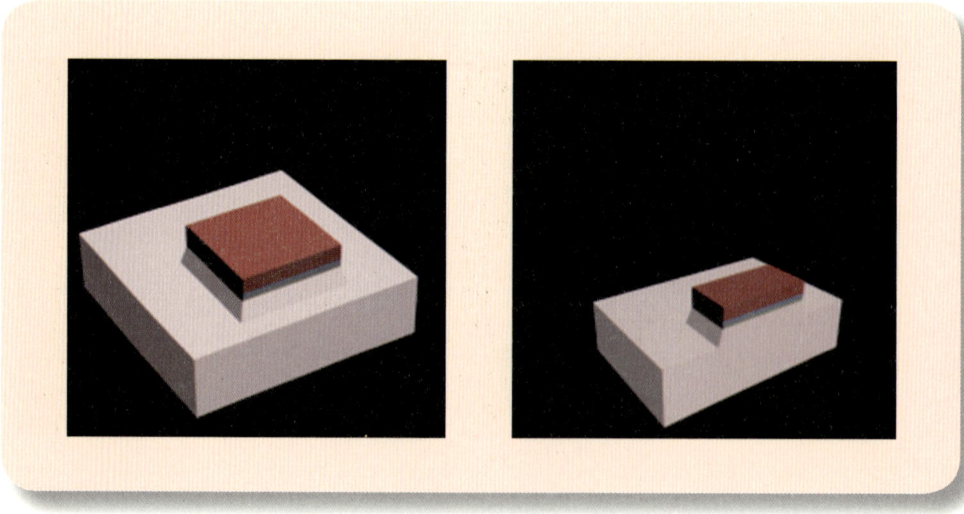

9. PR Strip

10. Oxide Deposition(PECVD)

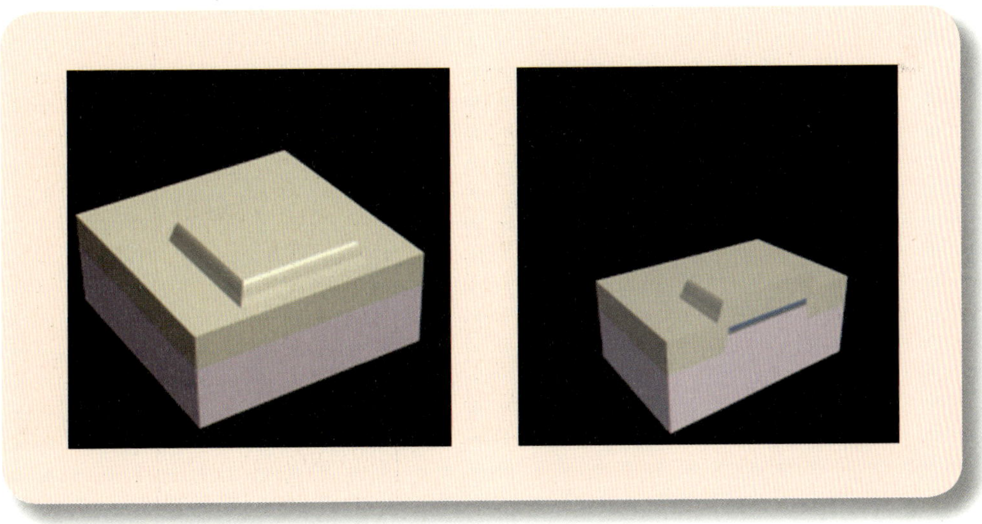

11. CMP

12. Nitride Etch(WET)

13. Oxide Etch

14. Gate Oxide Growth(Thermal)

15. Poly-Si Deposition(LPCVD)

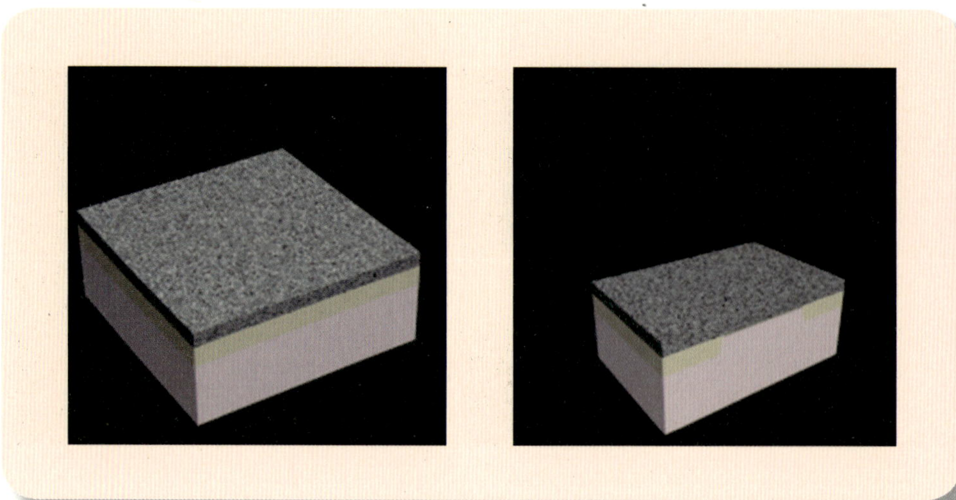

16. PR Coating
Softbaking

17. Gate Mask
Alignment & Exposure

18. Develope
Hardbaking

19. Poly-Si Etch

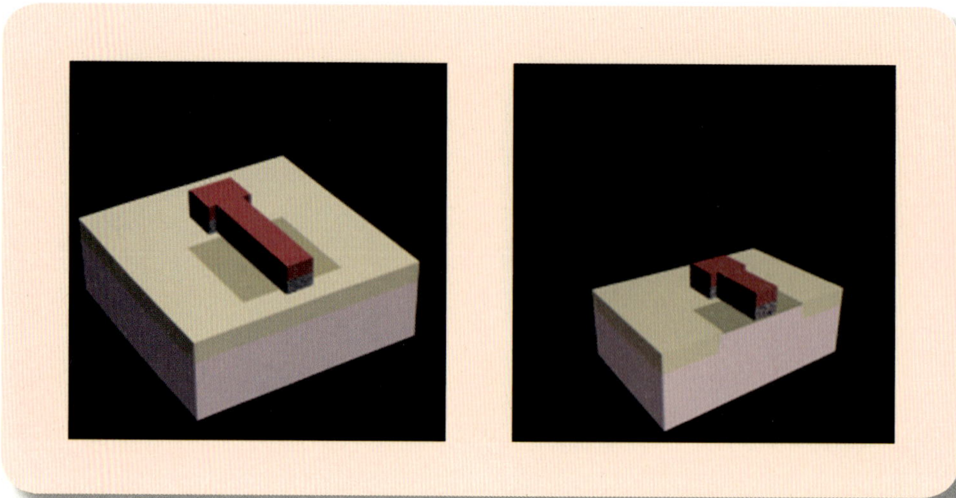

20. P^+ Implantation

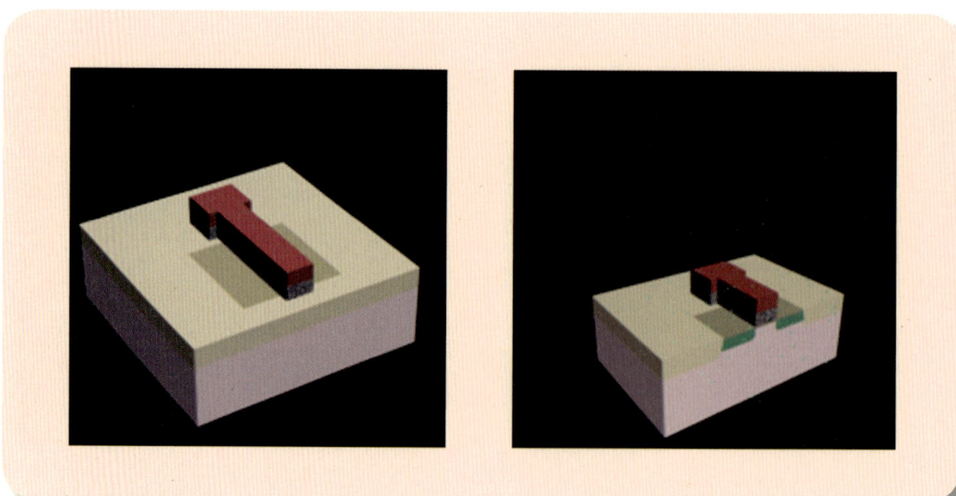

21. PR Strip
    Annealing

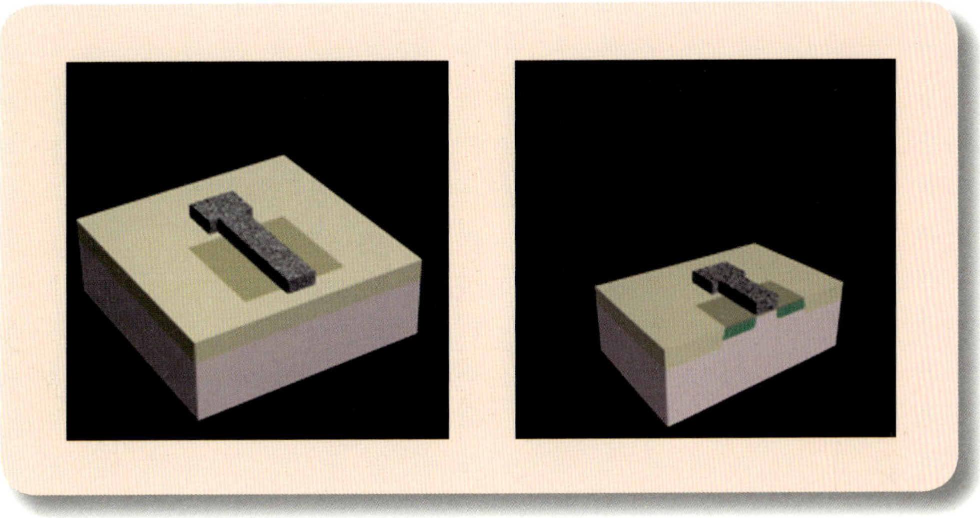

22. Oxide deposition(PECVD)

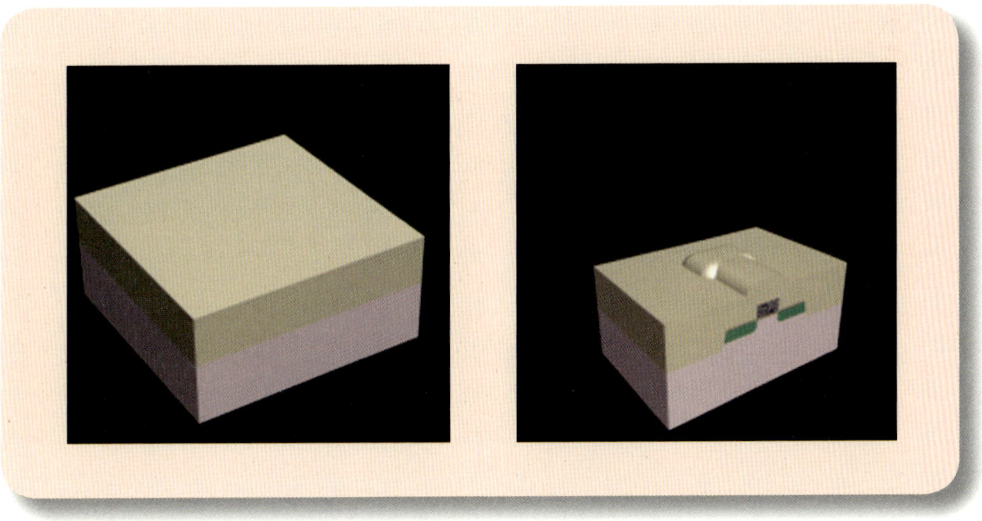

23. Oxide CMP

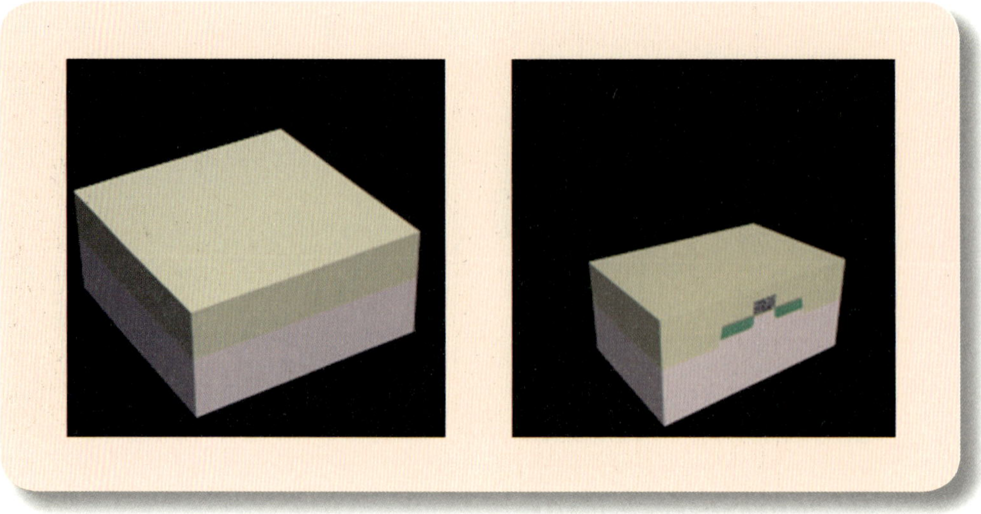

24. PR Coating
Softbaking

25. Contact Mask
    Alignment & Exposure

26. Develope
    Hardbaking

27. Oxide Etch

28. PR Strip

29. Al Deposition(PVD)
    Annealing

30. PR Coating
    Softbaking

31. Al Mask
    Alignment & Exposure

32. Develope
    Hardbaking

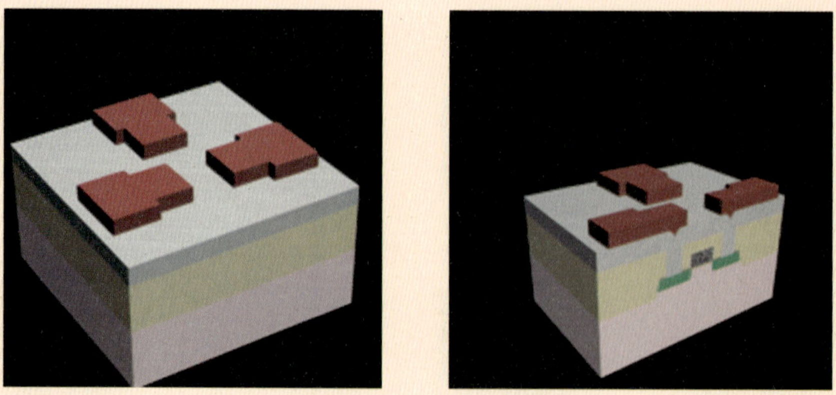

33. Al Etch

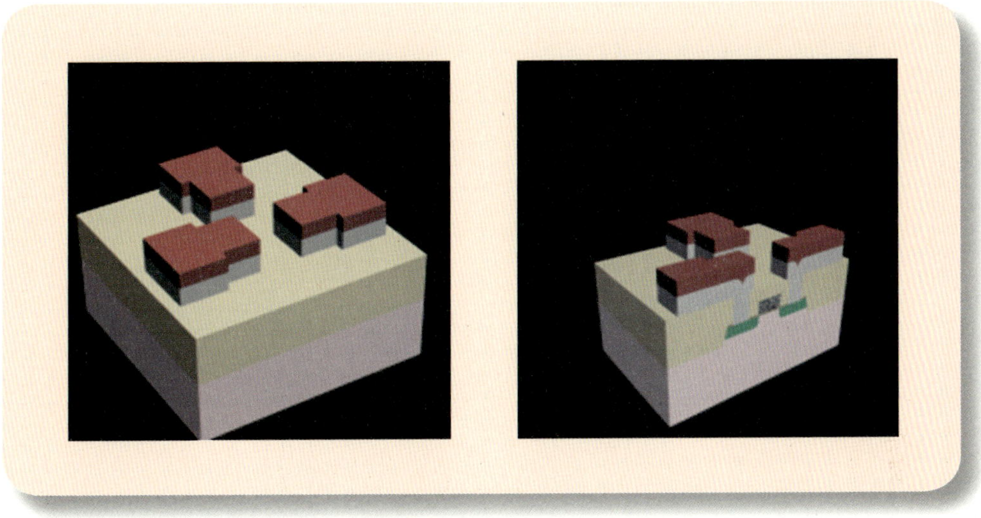

34. PR Strip

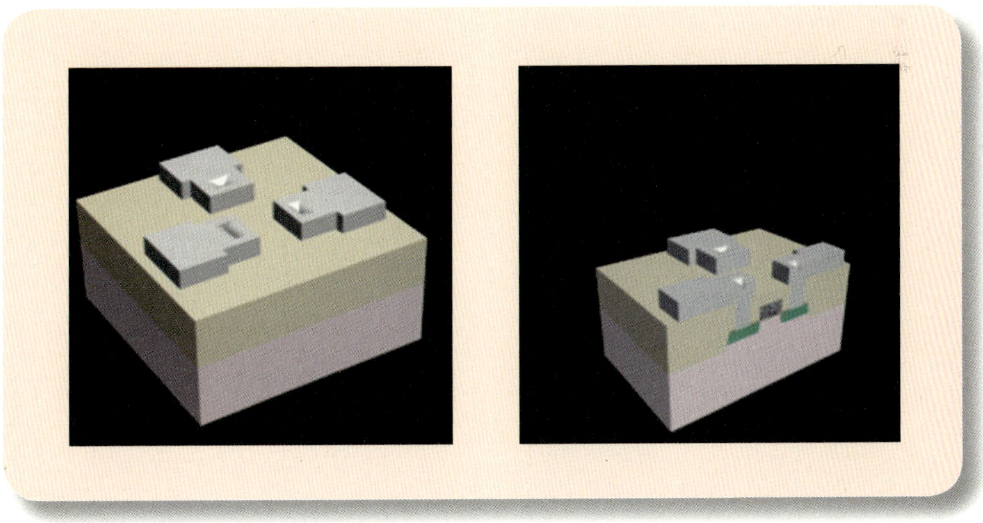

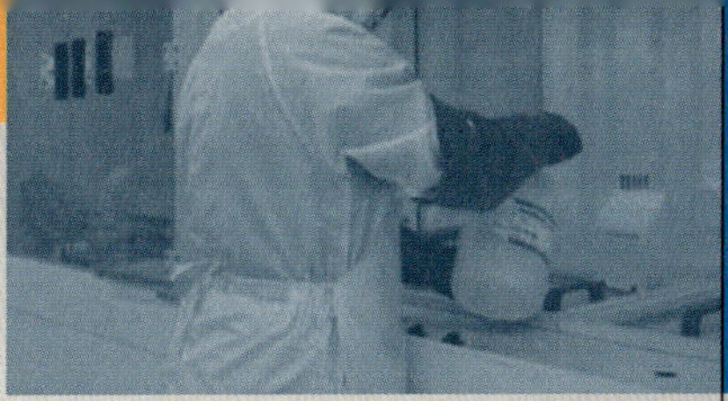

부록 C

FAB에서 사용하는 Chemical 및 Gas

1. Chemical

- BOE(Bufferd Oxide Etchant)
- H_2SO_4(Sulfuric acid)
- IPA(Isopropyl alcohol)
- KOH(Potassium hydroxide)
- HCl(Hydrochloric acid)
- H_2O_2(Hydrogen peroxide)
- HF(Hydrogen Fluoride)
- NaOH(Sodium Hydroxide)

2. Gas

- Ar(Argon)
- NF_3(Nitrogen trifluoride)
- CF_4(Tetrafluoromethane)
- SiH_4(Silane)
- H_2(Hydrogen)
- N_2O(Nitrogen trifluoride)
- N_2(Nitrous oxide)
- NH_3(Ammonia)
- O_2(Oxigen)

3. 공정용 화학약품 종류별 특징과 유해성

① BOE(Bufferd Oxide Etchant)

사용장비		Wet-Station	
물질명	BOE	물질특성	• 색상: 무채색 • 물리적 상태: 액체 • 냄새: 자극성 냄새
NEPA등급 (0-4단계)	보건 3, 화재 1, 반응성 0		
위험 유해성	• 흡입 시 유해, 호흡기화상, 피부화상, 눈화상, 점막화상 • 물과 접촉하면 발열반응할 수도 있음 • 열, 화염, 스파크 및 기타 점화원을 피할 것 • 열분해 생성물: 산 할로겐 화합물, 암모니아		
응급조치요령	• 피부접촉: 오염된 의복 및 신발을 벗고, 즉시 적어도 12분 동안 비누와 물로 씻을 것, 즉시 의사의 치료를 받을 것 • 눈접촉: 많은 양의 물을 사용하여 적어도 15분 동안 눈을 즉시 세척할 것 • 섭취: 많은 양의 물을 마시도록 하고, 구토를 유발하도록 할 것		
보호구	• 안전 장갑: 테프론 재질의 내화학성 장갑 및 앞치마 착용할 것		
기타	• 혼합 금지 물질: 금속, 시안화물, 환원제, 산, 염기, 금속염, 할로겐, 산화제, 가연성 물질, 아민, 금속 산화물		
사진	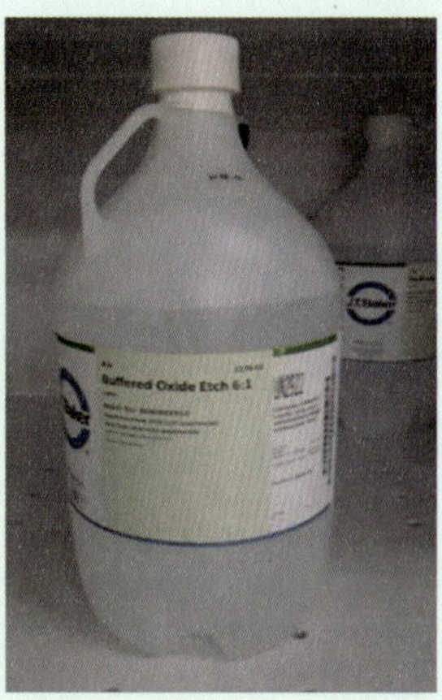		

② H_2SO_4(Sulfuric acid)

<table>
<tr><th colspan="2">사용장비</th><th colspan="2">Wet-Station</th></tr>
<tr><td>물질명</td><td>황산</td><td>물질특성</td><td>• 색상: 무채색
• 물리적 상태: 액체
• 냄새: 무취</td></tr>
<tr><td>NEPA등급
(0-4단계)</td><td colspan="3">보건 3, 화재 0, 반응성 0</td></tr>
<tr><td>위험 유해성</td><td colspan="3">• 산화제, 가연성 물질과 접촉하면 발화되거나 폭발할 수도 있음
• 반응성: 상온 상압에서 안정함</td></tr>
<tr><td>응급조치요령</td><td colspan="3">• 피부접촉: 오염된 의복 및 신발을 벗고, 즉시 적어도 15분 동안 비누와 물로 씻을 것, 즉시 의사의 치료를 받을 것
• 눈접촉: 많은 양의 물을 사용하여 적어도 15분 동안 눈을 즉시 세척할 것
• 섭취: 산소의 공급을 고려하고, 구토를 유발하도록 할 것</td></tr>
<tr><td>보호구</td><td colspan="3">• 안전 장갑: 테프론 재질의 내화학성 장갑 및 앞치마 착용할 것</td></tr>
<tr><td>기타</td><td colspan="3">• 혼합 금지 물질: 가연성 물질, 산, 할로 탄소 화합물, 금속, 카바이드 할로겐, 산화제, 과산화물, 금속염, 아민, 염기</td></tr>
<tr><td>사진</td><td colspan="3"></td></tr>
</table>

③ IPA(Isopropyl alcohol)

사용장비		Wet-Station, 클린룸 청소	
물질명	이소프로필 알콜	물질특성	• 색상: 무채색 • 물리적 상태: 액체 • 냄새: 자극성 냄새
NEPA등급 (0-4단계)	보건 1, 화재 3, 반응성 0		
위험 유해성	• 가연성 액체 및 증기, 증기는 증발 연소를 야기할 수도 있음 • 섭취: 구역, 위통, 불규칙 심장박동, 두통, 명정증상, 폐 울혈, 혼수 • 열, 화염, 스파크 및 기타 점화원을 피할 것 • 용기가 열에 노출되면 파열되거나 폭발할 수도 있음		
화재, 폭발 대처방안	• 소화제: 알코올 방지 거품, 이산화탄소, 입자상 분말 소화약제, 물 • 진화가 된 후에도 상당 기간 동안 물분무로 용기를 냉각시킬 것		
보호구	• 안전 장갑: 내화학성 장갑을 착용할 것		
기타	• 혼합 금지 물질: 금속, 시안화물, 환원제, 산, 염기, 금속염, 할로겐, 산화제, 가연성 물질, 아민, 금속 산화물		
사진	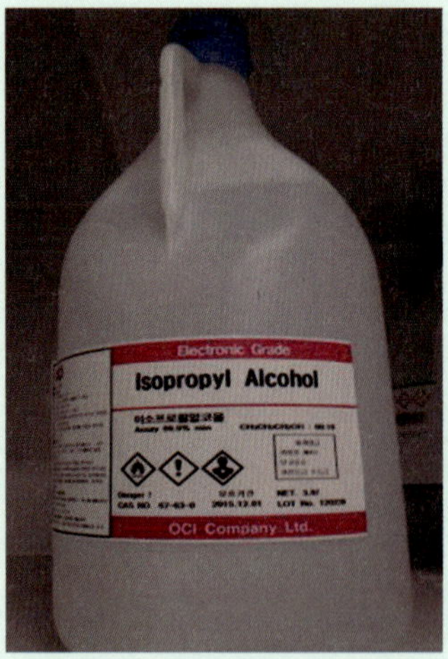		

④ KOH(Potassium hydroxide)

사용장비		Wet-Station	
물질명	KOH 45%	물질특성	• 색상: 흰색 • 물리적 상태: 액체 • 냄새: 무취
NEPA등급 (0-4단계)	보건 3, 화재 0, 반응성 1		
위험 유해성	• 삼키면 유해, 호흡기화상, 피부화상, 눈화상, 점막화상 • 공기, 열, 빛 또는 물에 접촉되면 반응할 수도 있음 • 열, 화염, 스파크 및 기타 점화원을 피할 것 • 열분해 생성물: 산 할로겐 화합물, 암모니아		
응급조치요령	• 피부접촉: 오염된 의복 및 신발을 벗고, 즉시 적어도 15분 동안 비누와 물로 씻을 것, 즉시 의사의 치료를 받을 것 • 눈접촉: 많은 양의 물을 사용하여 적어도 15분 동안 눈을 즉시 세척할 것 • 섭취: 많은 양의 물 또는 우유를 마시도록 하고, 구토를 유발하도록 할 것		
기타	• 혼합 금지 물질: 가연성 물질, 산, 금속염, 할로겐, 산화제, 할로탄소화합물, 금속		
사진			

⑤ HCl(Hydrochloric acid)

사용장비		Wet-Station	
물질명	염산	물질특성	• 색상: 투명 • 물리적 상태: 액체 • 냄새: 자극성 냄새
NEPA등급 (0-4단계)	보건 3, 화재 0, 반응성 1		
위험 유해성	• 흡입 시 유해, 호흡기화상, 피부화상, 눈화상, 점막화상 • 물과 접촉하면 발열반응 할 수도 있음 • 용기가 열에 노출되면 파열되거나 폭발할 수도 있음		
응급조치요령	• 피부접촉: 오염된 의복 및 신발을 벗고, 즉시 적어도 15분 동안 비누와 물로 씻을 것, 즉시 의사의 치료를 받을 것 • 눈접촉: 많은 양의 물을 사용하여 적어도 15분 동안 눈을 즉시 세척할 것 • 섭취: 많은 양의 물을 마시도록 하고, 구토를 유발하도록 할 것		
기타	• 혼합 금지 물질: 금속, 시안화물, 환원제, 산, 염기, 금속염, 할로겐, 산화제, 가연성 물질, 아민, 금속 산화물		
사진	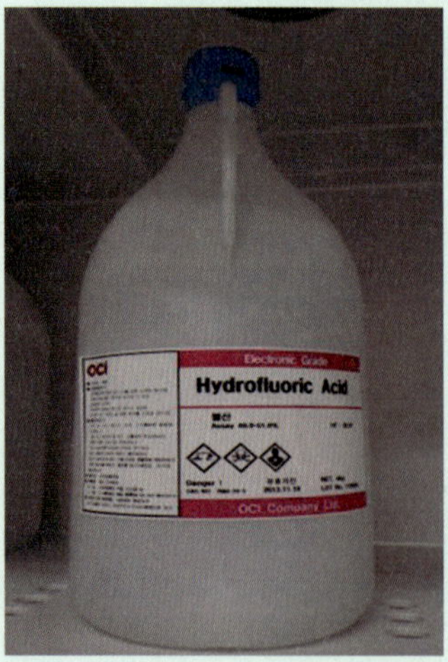		

⑥ H_2O_2(Hydrogen peroxide)

사용장비		Wet-Station	
물질명	과산화수소	물질특성	• 색상: 무색 • 물리적 상태: 액체 • 냄새: 자극성 냄새
NEPA등급 (0-4단계)	보건 2, 화재 0, 반응성 3		
위험 유해성	• 열, 화염, 스파크 및 기타 점화원에 노출되면 화재위험 있음 • 저장 시 급격히 온도가 상승하면 폭발할 수도 있음 • 보관용기는 완전히 밀폐 시킬 것		
응급조치요령	• 피부접촉: 오염된 의복 및 신발을 벗고, 즉시 적어도 15분 동안 비누와 물로 씻을 것, 즉시 의사의 치료를 받을 것 • 눈접촉: 많은 양의 물이나 생리식염수로 적어도 15분 동안 눈을 즉시 세척할 것 • 섭취: 많은 양의 물을 마시도록 하고, 구토를 유발하도록 할 것		
화재 및 폭발 대처방안	• 소화제: 비분말소하제, 이산화탄소나 하론은 사용을 금하며, 단지 물만 사용할 것		
기타	• 반응성: 오래 저장하거나 열에 의해 분해되어 산소가 발생될 수 있음, 용기를 단단히 막아 놓을 경우 내부 압력이 증가하여 파열될 수 있음, 141℃이상에서 자동 분해가 일어남		
사진	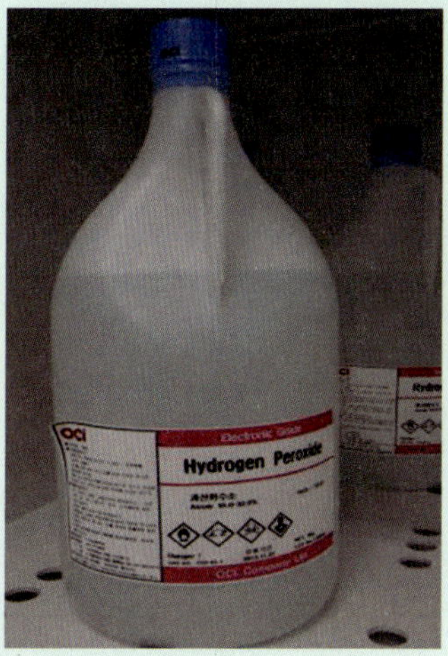		

⑦ HF(Hydrofluoric acid)

사용장비		Wet-Station	
물질명	불산	물질특성	• 색상: 무색 • 물리적 상태: 액체 • 냄새: 자극성 냄새
NEPA등급 (0-4단계)	보건 4, 화재 0, 반응성 1		
위험 유해성	• 독성, 부식성, 불연성의 성질을 가짐 • 공기 중의 수분과 접촉하면 흰색의 흄을 발생 • 피부에 접촉 시 치명적 화상을 유발 • 반복 노출 시 뼈 또는 관절에 영향		
응급조치요령	• 피부접촉: 오염된 의복 및 신발을 벗고, 많은 양의 물로 씻을 것, 즉시 의사의 치료를 받을 것 • 눈접촉: 많은 양의 물을 사용하여 적어도 15분 동안 눈을 즉시 세척할 것 • 섭취: 많은 양의 물을 마시도록 하고, 구토를 유발하도록 할 것		
보호구	• 안전 장갑: 테프론 재질의 내화학성 장갑 및 앞치마 착용할 것		
기타	• 대부분의 금속은 습기가 있을 경우 부식됨 • 유리와 세라믹 재질들은 불화수소에 의해 부식됨		
사진	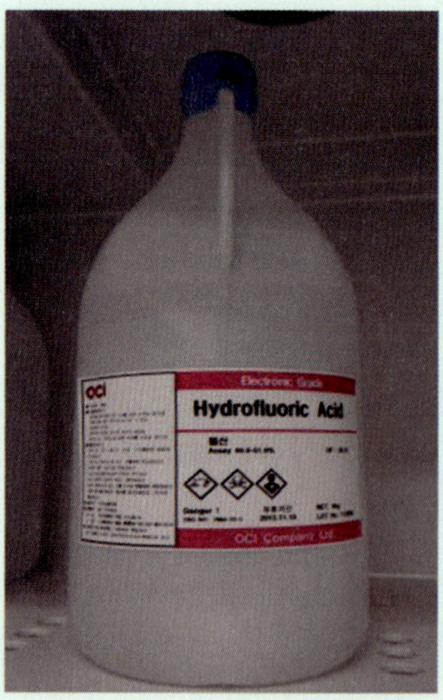 		

⑧ NaOH(Sodium Hydroxide)

사용장비		Wet-Station	
물질명	수산화나트륨	물질특성	• 색상: 투명 • 물리적 상태: 액체 • 냄새: 무취
NEPA등급 (0-4단계)	보건 3, 화재 0, 반응성 0		
위험 유해성	• 흡입 시 유해, 호흡기화상, 피부화상, 눈화상, 점막화상 • 물과 접촉하면 발열반응을 할 수도 있음 • 열, 화염, 스파크 및 기타 점화원을 피할 것 • 열분해 생성물: 산 할로겐 화합물, 암모니아		
응급조치요령	• 피부접촉: 오염된 의복 및 신발을 벗고, 즉시 적어도 12분 동안 비누와 물로 씻을 것, 즉시 의사의 치료를 받을 것 • 눈접촉: 많은 양의 물을 사용하여 적어도 15분 동안 눈을 즉시 세척할 것 • 섭취: 많은 양의 물을 마시도록 하고, 구토를 유발하도록 할 것		
보호구	• 내화학성 장갑 및 앞치마 착용할 것		
기타	• 혼합 금지 물질: 가연성 물질, 산, 할로탄소화합물, 금속, 산화제		
사진	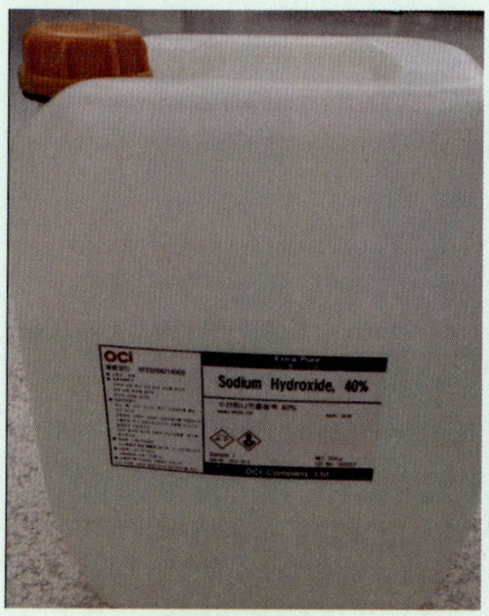		

⑨ Ar(Argon)

사용장비		Sputter	
물질명	아르곤	물질특성	• 색상: 무색 • 물리적 상태: 초저온 액체 • 냄새: 무취
NEPA등급 (0-4단계)	보건 0, 화재 0, 반응성 0		
위험 유해성	• 액체 아르곤 제품은 매우 차가움 • 산소농도를 19.5%이하로 만들 수 있는 아르곤 농도를 가진 환경에서는 급속히 질식사고를 유발할 수 있음 • 액체 또는 찬 증기에 노출되면, 심각한 동상이 유발될 수 있음 • 눈 및 피부 접촉, 섭취 시 초저온 화상이 발생됨		
응급조치요령	• 즉시 유출된 지역에서 벗어나야 함 • 누출된 지역의 환기를 강화하고, 연속적으로 산소 농도를 측정함 • 피부접촉: 동상이 발생한 부분을 절대 손으로 문지르지 말 것 • 눈접촉: 40℃가 넘지 않는 많은 양의 물로 15분 동안 눈을 즉시 세척할 것 • 섭취: 사고자는 신선한 공기가 있는 곳으로 이송함		
기타	• 혼합 금지 물질: 금속, 시안화물, 환원제, 산, 염기, 금속염, 할로겐, 산화제, 가연성 물질, 아민, 금속 산화물		
사진			

⑩ NF_3(Nitrogen trifluoride)

사용장비		PECVD	
물질명	삼불화 질소화물	물질특성	• 색상: 무채색 • 물리적 상태: 가스 • 냄새: 부식성 냄새
NEPA등급 (0-4단계)	보건 1, 화재 0, 반응성 0		
위험 유해성	• 강한 산화제 • 가연성 물질과 접촉하면 발화되거나 폭발할 수도 있음 • 혈액 이상이 발생 • 물질자체 또는 연소 생성물의 흡입을 피할 것		
응급조치요령	• 피부접촉: 오염된 의복 및 신발을 벗고, 즉시 적어도 15분 동안 비누와 물로 씻을 것, 즉시 의사의 치료를 받을 것 • 섭취: 오염되지 않은 지역으로 이동시키고, 의사의 치료를 받도록 할 것		
기타	• 혼합 금지 물질: 가연성 물질, 염기, 환원제, 금속 • 반응성, 상온 상압에서 안정함		
사진	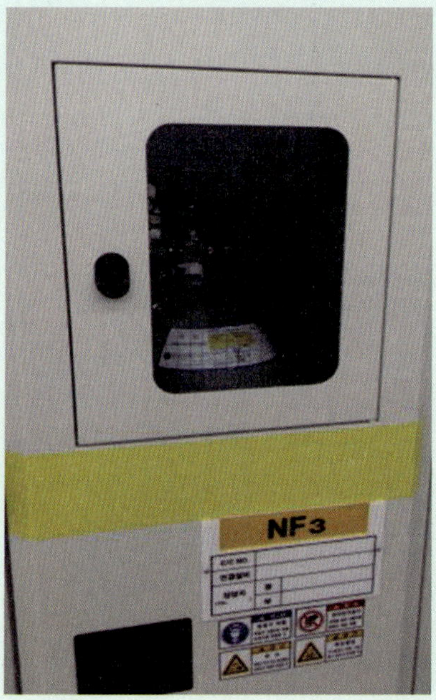		

⑪ CF_4(Tetrafluoromethane)

<table>
<tr><th colspan="2">사용장비</th><th colspan="2">PECVD</th></tr>
<tr><td>물질명</td><td>테트라
플루오르메탄</td><td>물질특성</td><td>• 색상: 무채색
• 물리적 상태: 가스
• 냄새: 무취</td></tr>
<tr><td>NEPA등급
(0-4단계)</td><td colspan="3">보건 1, 화재 0, 반응성 0</td></tr>
<tr><td>위험 유해성</td><td colspan="3">• 흡입 시 호흡곤란
• 용기가 열에 노출되면 파열되거나 폭발할 수도 있음</td></tr>
<tr><td>응급조치요령</td><td colspan="3">• 피부접촉: 동상, 얼음이나 냉 화상이 일어날 경우 손상된 부위를 40℃ 이상의 물로 따뜻하게 할 것</td></tr>
<tr><td>기타</td><td colspan="3">• 특이사항: 끓는점 -128℃ , 녹는점 -187℃</td></tr>
<tr><td>사진</td><td colspan="3"></td></tr>
</table>

⑫ SiH_4(Silane)

사용장비		PECVD, LPCVD	
물질명	실란	물질특성	• 색상: 무채색 • 물리적 상태: 가스 • 냄새: 자극성 냄새
NEPA등급 (0-4단계)	보건 2, 화재 4, 반응성 2		
위험 유해성	• 호흡기 자극, 피부, 눈 자극 • 가연성 가스 • 심각한 화재 위험이 있음 • 공기에 노출되면 자연 발화될 수도 있음 • 용기가 열에 노출되면 파열되거나 폭발할 수도 있음		
응급조치요령	• 소화제: 이산화탄소, 입자상 분말 소화약제 • 열, 화염, 스파크 및 기타 점화원을 피할 것		
보호구	• 내열성 장갑을 사용하고, 내화학성 보호의를 착용할 것		
사진	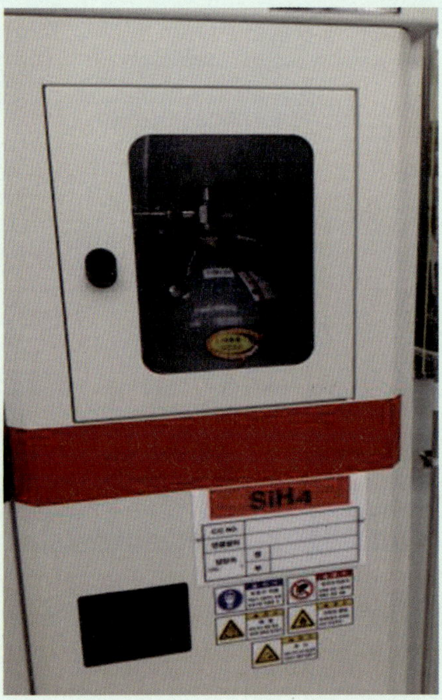		

⑬ H_2(Hydrogen)

사용장비		PECVD, HWCVD	
물질명	수소	물질특성	• 색상: 무채색 • 물리적 상태: 액화가스 • 냄새: 무취
NEPA등급 (0-4단계)	보건 1, 화재 4, 반응성 0		
위험 유해성	• 가연성 가스 • 조정기능 상실, 질식, 의식불명 • 열, 화염, 스파크 및 기타 점화원을 피할 것		
응급조치요령	• 피부접촉: 오염된 의복 및 신발을 벗고, 즉시 물로 씻을 것, 즉시 의사의 치료를 받을 것 • 섭취: 오염되지 않은 지역으로 이동시키고, 의사의 치료를 받도록 할 것		
화재 및 폭발 대처방안	• 심각한 화재, 폭발성이 있음 • 소화제: 이산화탄소, 입자상 분말 소화약제		
기타	• 혼합 금지 물질: 금속, 산화제, 금속 산화물, 할로겐, 금속염 • 상온 상압에서 안정함		
사진	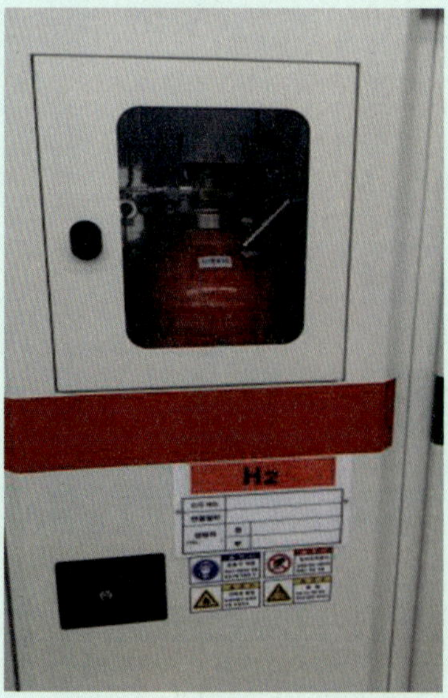		

⑭ N_2O(Nitrogen trifluoride)

사용장비		PECVD	
물질명	이산화질소	물질특성	• 색상: 무채색 • 물리적 상태: 액체, 가스 • 냄새: 달콤한 냄새
NEPA등급 (0-4단계)	보건 1, 화재 0, 반응성 0		
위험 유해성	• 흡입 시 치명적일 가능성이 있음 • 가연성 물질과 접촉하면 발화되거나 폭발할 수도 있음		
응급조치요령	• 피부접촉: 오염된 의복 및 신발을 벗고, 즉시 물로 씻을 것, 즉시 의사의 치료를 받을 것 • 눈접촉: 많은 양의 물을 사용하여 적어도 15분 동안 눈을 즉시 세척할 것 • 밀폐된 공간에 출입하기 이전에 환기를 할 것		
화재 및 폭발 대처방안	• 가스, 공기 혼합물은 폭발성이 있음 • 산화제, 가연성 물질과 접촉하면 발화되거나 폭발할 수도 있음 • 소화제: 이산화탄소, 입자상 분말 소화약제		
기타	• 상온 상압에서 안정함		
사진			

⑮ N_2(Nitrous oxide)

사용장비		Wet-Station, PECVD, PVD, Furnace	
물질명	질소	물질특성	• 색상: 무색 • 물리적 상태: 초저온 액체 • 냄새: 무취
NEPA등급 (0-4단계)	보건 1, 화재 0, 반응성 0		
위험 유해성	• 액체 질소 제품은 매우 차가움 • 산소농도를 19.5%이하로 만들 수 있는 아르곤 농도를 가진 환경에서는 급속히 질식사고를 유발할 수 있음		
화재 및 폭발 대처방안	• 인화점: 해당사항 없음 • 자연발화, 연소범위: 불연성 가스 • 액체질소가 누출되면, 급격히 산소 농도 결핍 환경이 조성되므로 즉시 현장에서 벗어나야 함 • 불이 꺼질 때까지 주변 용기에 물을 분사하여 식힘 • 액체질소 용기의 배기장치에 직접 물을 분사하면 안됨		
사진			

⑯ NH_3(Ammonia)

<table>
<tr><th colspan="2">사용장비</th><th colspan="2">PECVD, LPCVD</th></tr>
<tr><td>물질명</td><td>암모니아</td><td>물질특성</td><td>• 색상: 무색
• 물리적 상태: 초저온 액체
• 냄새: 무취</td></tr>
<tr><td>NEPA등급
(0-4단계)</td><td colspan="3">보건 3, 화재 1, 반응성 0</td></tr>
<tr><td>위험 유해성</td><td colspan="3">• 부식성 물질, 자극성 물질, 독성 물질
• 취급 시 가스를 흡입하지 말 것
• 점막에 심한 화상을 일으킬 수 있음
• 흡입 시 심한 자극을 일으킬 수 있음</td></tr>
<tr><td>응급조치요령</td><td colspan="3">• 피부접촉: 오염된 의복 및 신발을 벗고, 즉시 적어도 15분 동안 비누와 물로 씻을 것, 즉시 의사의 치료를 받을 것
• 눈접촉: PH가 정상으로 돌아올 때까지 생리 식염수로 30분이상 세척</td></tr>
<tr><td>화재 및 폭발
대처방안</td><td colspan="3">• 용기 내에는 물을 뿌리지 말 것
• 가능한 멀리 떨어져서 용기를 물로 냉각시킬 것
• 가스의 흐름을 멈출 것</td></tr>
<tr><td>사진</td><td colspan="3">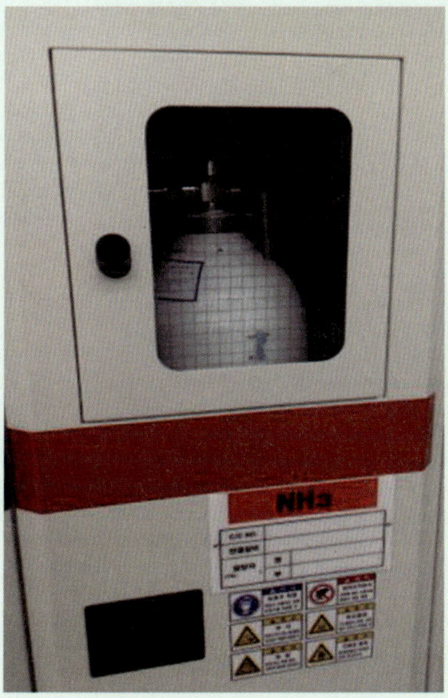</td></tr>
</table>

⑰ O_2(Oxigen)

<table>
<tr><th colspan="2">사용장비</th><th colspan="2">Furnace</th></tr>
<tr><td>물질명</td><td>산소</td><td>물질특성</td><td>• 색상: 무채색
• 물리적 상태: 가스
• 냄새: 무취</td></tr>
<tr><td>NEPA등급
(0-4단계)</td><td colspan="3">보건 3, 화재 1, 반응성 0</td></tr>
<tr><td>위험 유해성</td><td colspan="3">• 강한 산화제, 가연성 물질과 접촉하면 발화되거나 폭발할 수도 있음
• 물리적 손상과 열로부터 보호할 것
• 용기가 열에 노출되면 파열되거나 폭발할 수도 있음</td></tr>
<tr><td>화재 및 폭발
대처방안</td><td colspan="3">• 화재 위험은 무시할 수 있음</td></tr>
<tr><td>사진</td><td colspan="3"></td></tr>
</table>

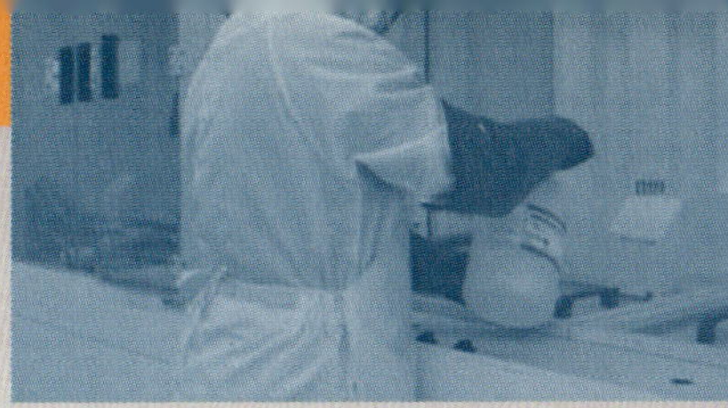

부록 D

기본 단위

1. 물리 상수

Avogadro's number	$N_A = 6.02 \times 10^{23} moleules/mole$
Boltzmann's constant	$\kappa = 1.38 \times 10^{-23} J/K = 8.62 \times 10^{-5} e\ V/K$
Electronic charge	$q = 1.60 \times 10^{-19}\ C$
Permittivity of free space	$\varepsilon_o = 8.854 \times 10^{-12}\ F/m = 8.854 \times 10^{-14}\ F/cm$
Plank's constant	$h = 6.63 \times 10^{-34}\ Js = 4.14 \times 10^{-15}\ e\ Vs$
Thermal voltage @300K	$\kappa T/q = 0.0259\ V$
Speed of light	$2.998 \times 10^{10}\ cm/s$

2. 단위 변환

$1m = 10^2 cm$

$1mm = 10^{-1} cm = 10^{-3} m$

$1\mu m = 10^4 Å = 10^3 nm = 10^{-4} cm$

$1nm = 10 Å = 10^{-3} \mu m = 10^{-7} cm$

$1 Å = 10^{-4} \mu m = 10^{-8} cm = 10^{-10} m$

$1eV = 1.60218 \times 10^{-19} J$

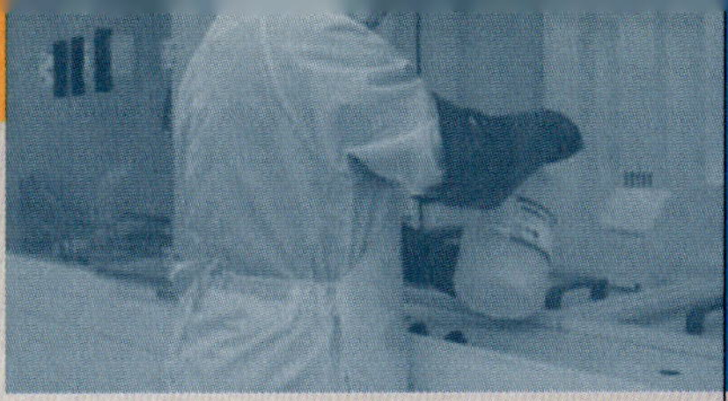

Index

찾아보기

저자 소개

이병렬
한국기술교육대학교 메카트로닉스공학부 교수
bllee@koreatech.ac.kr

윤석일
한국기술교육대학교 능력개발교육원 선임연구원
siyoon@koreatech.ac.kr

반도체 공정 실습

인쇄일 | 2015년 1월 25일
발행일 | 2015년 2월 4일
저　자 | 이병렬, 윤석일
발행자 | 우명찬, 송 준
발행처 | 홍릉과학출판사
주　소 | 01093 서울시 강북구 인수봉로 50길 10
전　화 | (02) 999-2274~5, 996-8341, 903-7037
팩　스 | (02) 905-6729
이메일 | hongpub@hongpub.co.kr
등록일 | 1976년 10월 21일 제5-66호
ISBN | 979-11-5600-339-7
http://www.hongpub.co.kr

값 18,000원